专业学位研究生教育系列教材

iOS 编程基础与实践

iOS Programming
Fundamentals and Practices

首都经济贸易大学出版社
Capital University of Economics and Business Press
·北京·

图书在版编目（CIP）数据

iOS 编程基础与实践/卢山编著. --北京：首都经济贸易大学出版社，2018.9
ISBN 978-7-5638-2807-4

Ⅰ.①i…　Ⅱ.①卢…　Ⅲ.①移动终端—应用程序—程序设计　Ⅳ.①TN929.53

中国版本图书馆 CIP 数据核字（2018）第 124848 号

iOS 编程基础与实践
卢　山　编著
iOS Biancheng Jichu Yu Shijian

责任编辑	刘元春　田玉春
封面设计	风得信·阿东 FondesyDesign
出版发行	首都经济贸易大学出版社
地　　址	北京市朝阳区红庙（邮编100026）
电　　话	（010）65976483　65065761　65071505（传真）
网　　址	http://www.sjmcb.com
E-mail	publish@cueb.edu.cn
经　　销	全国新华书店
照　　排	北京砚祥志远激光照排技术有限公司
印　　刷	人民日报印刷厂
开　　本	710 毫米×1000 毫米　1/16
字　　数	224 千字
印　　张	12.75
版　　次	2018 年 9 月第 1 版　2018 年 9 月第 1 次印刷
书　　号	ISBN 978-7-5638-2807-4/TN·1
定　　价	38.00 元

图书印装若有质量问题，本社负责调换
版权所有　侵权必究

前言 PREFACE

在现代社会，科技已经深深渗入每一个普通人的生活当中，人们的生活方式不断发生着改变。如果说，手机的普及抢占了手表与固定电话的诸多职能，并将其排挤至人们生活的边缘地带，那么智能手机时代的开启，侵犯了更多的人们生活中曾经必不可少的传统角色。记事本、照相机、信息与知识、影音娱乐、游戏、不同场合的沟通等等，只需要一部智能手机即可完成。这使得人们在很大程度上，不再受时间、空间的限制，只要电量充裕，便携式的智能手机可以随时随地地满足使用者的各种需求，而这一切能够实现，都源于 iOS 操作系统的鼎力支持。苹果公司的智能手机 iPhone 与平板电脑 iPad 在全世界范围内盛行，其甚至成为年轻人时尚生活的标签。这种对潮流强大的引导作用，不仅在于外部的包装和各种软件营销策略，iOS 系统所带来的极具亲和力和人性化的操作体验，也为其提高了许多的用户忠诚度。

在这一形势之下，伴随着广阔市场前景而来的是相关应用开发人才的稀缺，每年都有大量的软件开发人员进入国内相关企业，但人才的缺口在很长的一段时期内将持续存在。加之 iOS 操作系统不断地升级换代，也使得行业内对软件开发工程师的需求呈不断增加之势。

虽然国内很多高校与培训机构开设了 iOS 程序开发课程，但相关配套教材与学习资料还很匮乏。这导致很多计算机学院与软件学院都不具备开设课程的条件，已经开设该课程的则面临着授课难度大，授课效果也不尽如人意的局面。基于此，笔者编写了本教材，以满足初学者的需求。准备进入这一行业的从业者和兴趣爱好者通过本书能够更容易和更快地对 iOS 编程有一个基本的理解和掌握，并在此基础上，进行更进一步的软件系统开发工作。一方面，本书在详解 iOS 的基础上，对相关语言基础和各种开发框架也有所涉及，以便读者打好 iOS 开发基础。另一方面，本书重视理论与实际相结合的方式，使得读者在理解上更加深刻，在具体的实践中更快进入角色，更加得心应手。

目 录 CONTENTS

1 iOS 开发简介 / 1
  1.1 iOS 概述 / 1
  1.2 iOS 的基本框架 / 6
  1.3 iOS 的开发要点 / 7
  1.4 建立 iOS 开发环境 / 9

2 Objective-C 基础知识 / 13
  2.1 构建一个 Objective-C 客户端程序 / 13
  2.2 Objective-C 类和对象 / 17
  2.3 Objective-C 的继承、重写、多态 / 30
  2.4 文件操作 / 35
  2.5 Objective-C 的内存管理 / 46
  2.6 property 详解 / 52
  2.7 Block 详解 / 55

3 iOS 基础界面编程 / 62
  3.1 UIWindow 与 UIView / 62
  3.2 常用 UIView 控件的使用 / 78
  3.3 UIAlertView 和 UIActionSheet / 102

4 iOS 图控制器的使用 / 106
  4.1 UITabBarController / 106
  4.2 创建项目并配置 TabBarController / 108
  4.3 UITableView(表视图) / 112
  4.4 简单表视图的实现 / 114
  4.5 UINavigationController(导航控制器) / 130
  4.6 创建导航控制器应用 / 132

5 **多媒体** ／141
    5.1 音频与视频基础 ／141
    5.2 音频 ／144
    5.3 视频 ／173

参考文献 ／195

1　iOS 开发简介

今天,手机与平板电脑成为人们认识外部世界,与他人沟通联系,以及休闲娱乐的重要媒介。越来越多应用软件的出现,加上手机与平板电脑多样性、便携性以及更加人性化的特点,使得这两者逐渐成为下一代互联网终端的主角。随着软件不断地升级换代,这两者可为用户提供更多、更便捷的服务。

随着 2007 年第一代 iPhone 的发布,iPhone 手机时尚的外观、多样性的功能与操作的便易性,使其很快拥有了大量的消费者,在市场中迅速成为消费主流。至今,苹果应用商店的软件下载已经远突破百亿次。如此庞大的消费市场,意味着 iOS 开发的巨大需求。在消费与技术的双重推动下,iOS 显然已经成为当今市场中最具实力与未来潜力的平台。

本书会带领读者从零基础开始学习 iOS 编程与实践。理论与实践相结合的方式能够令读者更快、更容易地理解 iOS 和掌握各种开发技能。在这一章本书将为初学者建立一些基本的概念和认知,作为进一步学习的基础,学习这些知识是必要的准备工作和前提。

1.1　iOS 概述

iOS 是美国苹果公司(简称"苹果公司")开发的移动操作系统,是指运行于 iPhone、iPad 和 iPod Touch 上的操作系统以及相关软件技术的统称。苹果公司于 2007 年发布了该系统,原设想为 iPhone 所专用,但此后在 iPod Touch、iPad 和 Apple TV 等产品上,也陆续得到使用。iOS 属于 UNIX 的商业操作系统,原名为 iPhone OS,由于在多款产品中使用,不再适宜使用原名称。因而,2010 年,苹果公司将其更名为 iOS。经过多年的发展和完善,iOS 已经成为最受用户欢迎的主流手机操作系统之一。图 1.1 为运行 iOS 操作系统的 iPhone 与 iPad。

1.1.1　iOS 的发展

2007 年 1 月 9 日,苹果公司在 Macworld 展览会上公布 iOS 操作系统,随后于

图 1.1　运行 iOS 操作系统的 iPhone 与 iPad

同年的 6 月发布第一版 iOS 操作系统,其最初的名称为"iPhone Runs OS X"。

2007 年 10 月 17 日,苹果公司发布了第一个本地化 iPhone 应用程序开发包(SDK),并且计划在次年 2 月发送到每个开发者以及开发商手中。

2008 年 3 月 6 日,苹果公司发布了第一个测试版开发包,并且将"iPhone Runs OS X"改名为"iPhone OS"。

2008 年 9 月,苹果公司将 iPod Touch 的系统也换成了"iPhone OS"。

2010 年 2 月 27 日,苹果公司发布 iPad,iPad 同样搭载了"iPhone OS"。这年,苹果公司重新设计了"iPhone OS"的系统结构和自带程序。

2010 年 6 月,苹果公司将"iPhone OS"改名为"iOS",同时还获得了思科 iOS 的名称授权。

2010 年第四季度,苹果公司的 iOS 占据了全球智能手机操作系统 26% 的市场份额。

2011 年 10 月 4 日,苹果公司宣布 iOS 平台的应用程序已经突破 50 万个。

2012 年 2 月,苹果公司 iOS 平台 App Store 应用总量达到 552 247 个,其中游戏应用最多,达到 95 324 个,比重为 17.26%;书籍类以 60 604 个排在第二,比重为 10.97%;娱乐应用排在第三,总量为 56 998 个,比重为 10.32%。

2012 年 6 月,苹果公司在 WWDC(苹果全球开发者大会)2012 上发布了 iOS 6,其提供了超过 200 项新功能。

2013年6月10日,苹果公司在WWDC 2013上发布了iOS 7,几乎重绘了所有的系统App(application),去掉了所有的仿实物化,整体设计风格转为扁平化设计,并于2013年秋正式开放下载更新。

2013年9月10日,苹果公司在2013秋季新品发布会上正式提供iOS 7下载更新。

2014年6月3日,苹果公司在WWDC 2014上发布了iOS 8,并提供了开发者预览版更新。

2015年9月10日,苹果公司在秋季新品发布会上宣布推送iOS 9 GM版给开发者下载,同时推送了iOS 9.1 Beta 1,并且宣布iOS 9于9月17日正式免费推送下载。

2016年6月,苹果系统iOS 10正式亮相,苹果公司为iOS 10带来十大项目更新。2016年6月13日,苹果开发者大会WWDC在旧金山召开,会议宣布iOS 10的测试版在2016年夏天推出,正式版在秋季发布。2016年9月7日,苹果公司发布iOS 10。2016年9月14日苹果公司发布iOS 10正式版。

苹果公司为智能手机与平板电脑所设计的操作系统,始终保持着简洁与亲和性的宗旨。其极富科技感与时尚感的界面,以及人性化的操作,"俘获"了大量用户。iOS的升级换代非常快,这就导致了很多更早出产的移动设备被淘汰。因为,这些设备无法与更高级的系统版本相适应。例如,没有得到iOS 10支持的设备,意味着不会有更多的系统更新以及安全漏洞的补丁,应用程序开发者也将逐渐淘汰对这些设备的支持,设备可以继续工作,但操作系统却正在衰老。因此,iOS的更新不断推动着苹果公司产品的销售量。每一次新机型的发售,都是一次无形的广告,并产生巨大的市场效应。很多消费者愿意付出很多的时间和精力,去抢购一台新款机型。并且,新机型的销售量在一定时间段内,始终保持旺盛的上升趋势。据官方数据显示,iOS是目前第一大移动操作系统。在截至2016年10月的前3个月里,日本是iOS市场份额最高的地区,该移动平台在该国智能手机销量中的占比达到51.7%。iOS在英国和美国的市场份额也分别达到44.0%和40.5%。

1.1.2 iOS的功能特性

iOS是一款优秀的、先进的移动操作系统,具有简单易用的界面,令人惊叹的功能,超强的稳定性,已经成为iPhone,iPad和iPod Touch的强大基础。尽管其他竞争对手正在努力追赶,但iOS内置的众多技术和功能让Apple设备始终保持着遥遥领先的地位。能够取得如此骄人战绩,主要与以下几点息息相关。

(1) iPhone,iPad和iPod Touch的硬件和操作系统都出自苹果公司,不需要考虑兼容性问题。iOS系统与硬件的整合度高,使其分化大大降低,远胜于Android

系统。而 Android 系统因为开源各大厂家打造自己的 Android 系统,造成分辨率和系统的分裂,给开发者带来难以想象的灾难,同时开发成本的提高,致使 Android 开发者转移到 iOS 阵营。

(2)华丽的界面。无论你喜欢的是 Apple 的硬件还是软件,有一点你不得不承认,iOS 极具创新的 Multi – touch 界面转为手指设计,其界面做得非常优雅漂亮。苹果公司向界面中投入了很多精力,从外观到易用性,iOS 拥有最直观的用户体验。用户所触及的一切无不简单、直观,且充满乐趣。

(3)数据的安全性。想必每个人都不想自己的隐私被侵犯,而 iOS 有着强大的防护能力,用户的信息不会被泄露。iOS 提供内置的安全性,专门设计低层级的硬件和固件功能,用来防止恶意软件和病毒,同时提供高层级的 OS 功能,在访问个人信息和企业数据时确保安全性。为了保护用户的隐私,从日历、通讯录、提醒事项和照片获取位置信息的 App 必须先得到用户的许可。用户可以设置密码锁,以防止有人未经授权访问自己的设备,还可以进行相关设置,允许设备在多次尝试输入密码失败后删除所有数据。该密码会为用户存储的邮件自动加密和提供保护,并能允许第三方 App 为其存储的设备加密。iOS 支持加密网络通信,用于保护 App 传输过程中的敏感信息。如果设备丢失或失窃,可以利用"查找我的 iPhone"功能在地图上定位设备,并远程清除所有数据。一旦 iPhone 失而复得,还能恢复上一次备份的全部数据。

(4)众多的应用。App Store 有着几十万的海量应用供用户选择。几乎每类 App 都有数千种,而且每种都很出色。苹果公司为第三方开发者提供了丰富的工具和 API(应用程序编程接口),使得第三方开发者设计的 App 能够充分利用每部 iOS 设备蕴含的先进技术。苹果公司将所有的 App 都集中在服务器中,使用 Apple ID 即可轻松访问、搜索和购买这些 App。用户需要做的只是在设备上访问 App Store,然后下载。应用开发者可以通过开发应用得到报酬,这也是为什么开发者要选择 iOS 最重要的原因。App Store 甚至吸引了一些大牌开发商。iOS 虽然有些封闭,但却拥有最佳的应用。

(5)内置众多辅助功能。引导式访问、Voice Over 和 Assistive Touch 功能,让更多的人可以体验 iOS 设备的迷人之处。例如,凭借内置的 Voice Over 屏幕阅读技术,视力不佳的人可以听到其手指在屏幕上触摸到的项目说明。Voice Over 手势非常好用。比如,在触控板上用单指触摸或拖动时,Voice Over 朗读相关描述,但不改变计算机状态。同时,由于 Voice Over 光标连续标记当前选中的项目,用户可以在触控板上任何位置使用诸如滑动或轻点两下之类的手势。在触控板上拖动手指时,触控板代表用户正在处理的窗口或应用软件,并非整个屏幕。这样,用户就不会在没有发觉的情况下不小心切换应用软件,也不会把在不同应用软件里听到的项目描述混淆。iOS 开机即可支持 30 多种无线盲文显示屏,还能提供很多备受赞誉的辅助功能,如,动态屏幕放大、隐藏式字幕视频播放、单声道音频、黑底白字显示等。

1.1.3　iOS 10 的新特性

(1) iOS 10 新的屏幕通知查看方式。苹果公司为 iOS 10 带来了全新的通知查看功能,即抬起 iPhone 的屏幕,用户就能看到目前的通知和更新情况。

(2) 苹果公司将 Siri 开放给第三方开发者。现在用户可以让 Siri 实现更多的功能,例如让 Siri 向自己的联系人发送微信信息等。目前 Siri 可以直接支持的应用有微信、WhatsApp 及 Skype 等。

(3) Siri 更加智能。Siri 拥有更多对语境的意识。基于用户的地点、日历、联系人、联系地址等,Siri 会做出智能建议。Siri 将成为一个人工智能机器人,具备深度学习能力。

(4) 照片应用更新。基于深度学习技术,iOS 10 对照片应用有较大的更新。iOS 10 对照片的搜索能力进一步增强,可以识别到新的人物和景色。能够将相关的照片组织在一起并整合成一个视频,比如某次旅行的照片、某个周末的照片,并且能够进行自动编辑。iOS 10 照片还新增了一个"回忆"标签。

(5) 地图。类似于 Siri 和照片的更新,地图也增加了很多预测功能,例如苹果地图能够提供附近的餐厅建议。苹果地图的界面也得到了重新设计,更加简洁,并增加了交通实时信息、空气质量(右下角)。新的苹果地图还将整合在苹果 CarPlay 及滴滴打车中,为用户提供 Turn – by – turn 导航功能。和 Siri 一样,地图也将开放给开发者。

(6) 苹果音乐。苹果音乐的界面得到了更新,界面更加简洁、支持多任务,增加最近播放列表。苹果音乐现在已经有 1 500 万付费用户。

(7) 苹果新闻。苹果新闻在 iOS 10 中得到了较大更新,应用界面被重新设计,增加订阅功能,更新通知功能,目前已经有 2 000 家出版商和 Apple News 合作。

(8) HomeKit。iOS 10 新增智能家庭应用,支持一键场景模式,HomeKit 可以与 Siri 相连接。

(9) 苹果电话。更新电话功能,增加骚扰电话的识别。

(10) iMessage。在 iMessage 方面,用户可以直接在文本框内发送视频、链接、分享实时照片。另外,苹果还增添了表情预测功能,打出的文字若和表情相符,会直接推荐相关表情。iMessage 添加了丰富的表情包功能,而且表情包支持手画版,在区域内用手指写出你想要的东西就可以用动画形式发送给对方。

(11) 可移除预装系统应用,如日历、指南针、Face Time、查找我的朋友、iBooks、

iCloudDrive、iTunes Store、邮件、地图、Music、News、备忘录、提醒事项、股市、视频、语音备忘录、Watch App 手表应用、天气等。

（12）滑动解锁模式取消,改为按 Home 键直接解锁。

（13）iOS 10 优化了通知栏,向左滑动可以进行以下操作:查看消息、标记已读、清除。

（14）iOS 10 用户可以下载使用 360 手机卫士、腾讯手机管家拦截欺诈电话。此次 iOS 10 提供开发接口,表明在技术革新的同时,手机安全也成为苹果公司着重考虑的因素。而随着中国整体购买力的提升,中国已经成为 iPhone 的消费大国,从此次中国成为 iPhone 7 的首发地区也反映出苹果公司对于中国市场的重视。360 手机卫士成为首个在苹果手机上实现拦截欺诈电话的软件,这或许是出于对中国用户习惯的考虑与尊重。

（15）拿起 iPhone 自动亮屏。锁屏时打开相机也更快捷,只要向左滑动就行,不再需要像以前一样从右下角往上滑动。此外,锁屏时向右滑动可直接进入"插件中心"。

1.2　iOS 的基本框架

本节正式进入 iOS 的技术层面。iOS 基于 UNIX 系统,因此从系统的稳定性上来说它要比其他操作系统的产品好很多。iOS 包含了大量的技术内容,如界面管理、内存分配与回收、事件发送、多任务处理等。但总的来说,iOS 的系统架构大致可以分为 4 个层次。由下到上依次为:核心操作系统层(core OS layer)、核心服务层(core services layer)、媒体层(media layer)、可触摸层(cocoa touch layer)。如图 1.2 所示。

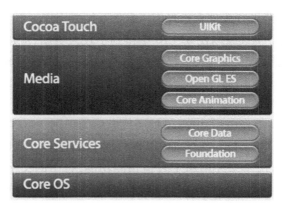

图 1.2　iOS 的系统构架

(1)核心操作系统层。位于 iOS 的最底层,主要包含内核、文件系统、网络基础架构、安全管理、电源管理、设备驱动、线程管理、内存管理等。核心操作系统层的底层功能是很多其他技术的构建基础。通常情况下,这些功能不会直接用于应用程序,而是用于其他框架。但是,在直接处理安全事务或和某个外部设备通讯的时候,则必须要用到该层的框架。总之,该层可提供最基础的服务。

(2)核心服务层。在 iOS 开发技术体系中,核心服务层是紧挨着核心操作系统层而进行服务。主要由两个部分组成:核心服务库和基于核心服务的高级功能。它提供诸如字符串管理、集合管理、网络操作、URL 实用工具、联系人管理、偏好设置等服务。此外,它还提供很多基于硬件的特性服务。如,GPS、加速仪、陀螺仪等。核心服务层包含 Collections、Address Book、Networking File Access、SQLite、Core Location Framework、Services、Threading、Preferences、URL Utilities 等组件。

(3)媒体层。媒体层依赖于核心服务层提供的功能,它帮助用户在应用程序中使用各种媒体文件,进行音频与视频的录制,图形的绘制以及制作基础的动画效果。它包含了 Core Graphics、Core Text、OpenGL ES、Core Animation、AVFoundation、Core Audio 等与图形、视频和音频相关的模块。

(4)可触摸层。可触摸层包含了构建 iOS 应用的关键框架,这些框架设定了应用的显示样式,还提供了基本 App 的构造基础和对关键技术的支持,如多线程、基于触摸的输入、推送通知和许多高层级的系统服务。其中的 UIKit 框架提供各种可视化控件供应用程序使用,如窗口、视图、视图控制器与各种用户控件等。另外,UIKit 也定义了应用程序的默认行为和事件处理结构。

位置越高的构架层越抽象,位置越低的构架层越具体。通常情况下,在创建 iOS 应用程序时首先要考虑使用较高层提供的服务,这样可以直接使用 iOS 提供的现成的类,提高开发效率和程序的健壮性,并获得一致的外观和行为。只有当高层服务不能满足某一具体需要时,才考虑使用较低的层。这时候应该更加谨慎,因为一旦所涉及技术内容越多,需要顾及的局部和细节也就越多。一旦考虑不周,则有可能出现事倍功半的结果。

大多数应用程序通过使用 UIKit 框架中提供的各种界面类(视图、用户控件等)构建程序界面,并使用 Foundation 框架中定义的各种基本类型(字符串、数字、日期等)来保存程序的数据。因为这两个框架非常重要,所以它们结合在一起称为 Cocoa Touch。

1.3 iOS 的开发要点

iOS 设备向开发人员展示了一个全新的世界,从多点接触到媒体播放,从重力感应到人性化操作,有很多让人激动万分的功能等待探索。同时,iOS 是一个封闭的平台,相较其他开放的手机操作系统平台有较多的限制,因此某些涉及硬件底层或者系统安全性的功能可能在 iOS 开发中无法实现。iOS 系统及搭载该系统的 iPhone,iPad 应用程序具有以下几个特点。

(1)iPhone,iPad 运行的时候,在任何时刻 iOS 系统只允许用户应用一个应用程序。当我们用手指触摸一个程序的图标时,系统就会在屏幕上打开这个程序,如果要运行另一个程序,需要按下 home 键,把当前运行的程序退出或放到后台。在设计每一款 App 的时候,用户通常关心的只是当前使用的程序。当用户没有退出该程序(如,按 iOS 设备的 home 键),只是将其放置在后台的时候,此时程序处于挂起状态。如,用户想用相机拍下照片发给朋友时,则需要在相机与聊天窗口之间进行切换。

(2)一个应用程序仅限一个窗口。iPhone 的界面只允许当前正在运行的应用程序显示一个窗口。当前程序与用户所有的直接交互都是在这一个窗口上完成。iPhone 应用程序可以包含许多窗口,但是用户不能同时访问,只能依次访问和查看。而在笔记本电脑的各种操作系统环境中,可以运行多个程序,可以同时打开多个窗口。所以,iPhone 的这个特点与桌面操作系统是不同的,需要注意。

(3)iOS 应用程序采用了"沙盒"(应用程序只能对自己的文件直接进行读、写操作)机制,只限于 iPhone 为应用程序创建文件系统,不可以去其他地方访问。所有的文件都可以保存在此,如图像、配置文件、声音、影像、属性列表、文本文件等。由于严格控制了用户应用程序访问数据的权限,并且应用程序请求的数据都要通过权限和安全性检测,这样,采用"沙盒"机制就可以使得每一个应用程序的内部文件不会轻易被外部系统、程序修改,保证了程序运行的安全。

(4)在交互方面,iPhone 没有键盘和鼠标,用户界面通过触摸的方式进行操控,利用触摸技术反而可以实现许多桌面操作系统不能实现的效果。例如,在应用程序中添加一个文本框,当用手指去触摸这个文本框的时候,键盘就会自动弹出。加速计也是 iPhone 创新出的一项交互技术,例如 iPhone 4 指南针的应用就是利用加速计来调整方向。一些赛车类游戏的应用也是利用加速计来控制方向盘。

(5)关于响应时间限制,手机开发对用户体验提出极高的要求,因此,应用程序需要具备较快的响应时间,并且必须要考虑响应超时的问题。启动应用程序时,需要载入首选项和数据,并尽快在屏幕上显示主视图,这一操作要在几秒之内完成。如果用户按 Home 键,iOS 就会返回到主页。应用程序如需要保存数据,那么必须在 5s 之内完成相关操作,5s 之内,无论数据是否已完成保存,应用程序都会终止。

1.4 建立 iOS 开发环境

上文详细地介绍了 iOS 开发相关的背景知识,想必读者已经对 iOS 有了一个初步的理解。在进行软件开发之前,有一些准备工作是必要的。对于开发者来说,首先需要购置一台运行苹果 Mac OS 的电脑,因为 iPhone 开发只能在基于 Mac OS 的环境下完成。准备好硬件设备后,还需要申请加入开发者计划,这一步需要开发者进行注册。注册之后,便可下载 iOS SDK。为了帮助开发者在 iOS 上方便快捷地创建各种应用,苹果公司发布了 iOS SDK,其中包含众多类库以及集成开发环境。

通常所指的类库(library),苹果称为框架(framework),就是包含经过精心设计的编译过的众多类及类的头文件。SDK 的每个类都提供了特定功能,开发人员利用不同的类的对象就可以快速创建各式各样的应用程序。如果说整个程序是一座建筑,那么每一个类的对象就是这座建筑最细微的组成部分。如果应用相对复杂,要求也更多时,还需要更多的辅助性工具,以满足不同开发者的设计初衷。Xcode 是苹果公司的开发工具,可用于管理工程、设计界面、编辑代码、构建可执行文件,它是一个集成开发环境(IDE)。对于编写 iOS 应用程序的开发人员来说,这一辅助性工具是不可或缺的。从理论上说,开发任何一款 iOS 应用程序都可以不用 Xcode,但 Xcode 让程序开发过程更容易、更迅速。iOS SDK 一开始是与 Xcode 独立发布的。从 Xcode 3.1 开始,Xcode 已经集成了 SDK,也就是说用户下载了前者后就不需要再下载后者。每个 SDK 会对应当前最新版本的 iOS 系统,因此在开发的时候尽可能选择新的开发环境,这样才可以使 App 适应新的系统。

1.4.1 申请加入 Apple 开发者计划

苹果开发者注册有两种账户。

(1)标准的开发者,一年费用为 99 美元。苹果开发者希望在 App Store 发布应用程序时,就可以加入 iOS 开发者标准计划。开发者可以选择以个人或者组织的名义加入该计划。

(2)企业账户,每年费用为 299 美元,还要注册一个公司码(dun & bradstreet)(D-U-N-S),这个账户可以注册任意多个设备。如果开发者希望创建属于公司内部的应用,并且公司雇员不少于 500 人,则可以加入 iOS 开发者企业计划。

当然,也可以不缴纳任何费用加入开发者计划,不过免费和收费之间存在一定的差别。免费会受到一定的限制,最大的一点就是无法把程序运用到真实设备上,只能在开发工具的模拟器里测试,这是因为任何应用必须经过数字签名,才能在设备上运行,只有注册人员才能签名应用。如果需要在设备上进行测试,则需要进行注册,并非注册人员也不能在 App Store 里发布程序。

无论是大型企业还是小型公司,抑或是个人开发者,进入 iOS 开发工作之前,都需要从 Apple 网站开始。打开 https://developer.Apple.com/programs/how-it-works/页面开始注册。如图 1.3 所示。

图 1.3　Apple 网站注册页面

此时,点击最后一行蓝色字体 Get started with enrollment。进入 What You Need to Enroll 的页面。若没有登录的话,随后会弹出苹果开发者账号的登录界面如图 1.4 所示。当然没有苹果账号的话,就需要去注册一个,点击"Create Apple ID",去创建一个苹果账号。

图 1.4　注册 Apple 账号

苹果账号创建完后,重新开始加入开发者计划的步骤,然后根据提示说明,逐条按要求操作即可。

1.4.2 下载与安装 Xcode

Mac 开发者计划和 iOS 开发者计划的会员可以得到最新的 Xcode 开发工具。Xcode 为编程人员提供诸多的实用工具,以帮助其建立与调试源代码。SDK 中还设置了模拟器,它支持在 Mac 上运行的大部分 iPhone 和 iPad 程序,方便开发人员在模拟器上看到程序在真实设备上运行的效果。

编程人员的电脑设备安装了苹果 Lion 及以上的操作系统时,可以从 Mac App Store 中免费下载 Xcode。如图 1.5 所示。

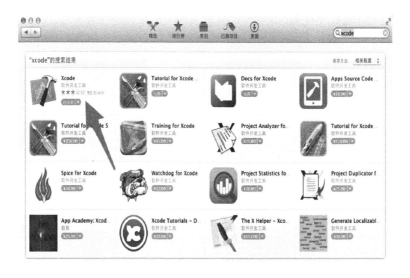

图 1.5 下载安装 Xcode

按照系统提示,下载与安装 Xcode 后,iOS 的编程环境已经基本搭建完毕。开发人员可以根据自己的需求,对版本和相关工具进行选择。安装的软件包包含 Essentails,System Tools 和 UNIX Development。其中,Essentails 目录包含 SDK 和 Xcode,是必须选择的;其他两个软件包包含一些辅助工具。根据下载的 Xcode 版本不同,软件包目录也会有相应不同。安装的时候只要始终保持默认选择即可。安装完成后,打开系统盘,在 develop/Application 目录下就可以看到 Xcode 应用程序图标"Xcode.App"。点击后如图 1.6 所示。

本章介绍了 iOS 的发展经历,以及 iOS 开发的特性与功能。重点介绍了 iOS 的基本框架以及开发环境的搭建。初学者可以借此章对 iOS 编程有一个基本的认识,并了解开发工具 Xcode 的下载、安装的基本界面。此后的章节将会依据本章内容,由易到难逐步展开介绍。

图 1.6　打开 Xcode

2　Objective－C 基础知识

Objective－C 是用来开发 Mac 和 iOS 应用程序所用到的开发语言,是一种编译型开发语言,即在程序执行之前,会经过编译过程,把程序编译成机器语言。从名称就可以看出,Objective－C 是基于 C 语言的,实际上是 C 语言的一个扩展集,在其基础上加上了面向对象的方法,所以 Objective－C 的语法和概念同其他基于 C 语言衍生的开发语言是类似的。

2.1　构建一个 Objective－C 客户端程序

2.1.1　Objective－C 的一个程序

(1)打开 Xcode,选择 Create a new Xcode project。如图 2.1 所示。

图 2.1　选择 Create a new Xcode project

(2)点击左边的 OS X→Command Line Tool 控制行工具。如图 2.2 所示。
(3)选择程序语言为 Objective－C 并输入其余项目。如图 2.3 所示。

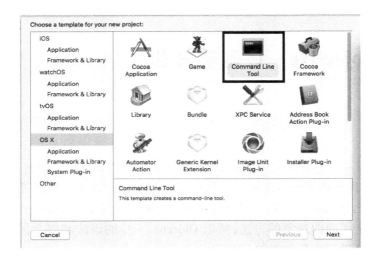

图 2.2 选择 Command Line Tool

图 2.3 填写空白处及选择开发语言

图 2.3 中填写项目解释如下。

①Product Name:项目名称。

②Organization Name:组织名称。

③Organization Identifier:组织标示(一般将公司域名倒过来写)。

④Language:使用的开发语言(这里使用 Objective – C)。

写一段代码如图 2.4 所示。

```
#import <Foundation/Foundation.h>

int main()
{
    //NSLog can auto linefeed
    NSLog(@"The first OC program!");

    return 0;
}
```

图 2.4 代码示意图

上图中出现的代码解释。

第一，#import 是一个导入命令，类似于 C 语言的 #include 命令，但是相对于 #include 而言，#import 可有效地处理重复导入的问题，在 C 语言中也提到过如何通过条件编译解决重复导入，而在 Objective-C 中不需要处理，#import 可以自动进行重复处理。与 #include 类似，导入系统类库使用 < >，导入自定义类库使用 " "。

第二，Foundation.h 是 Foundation 框架中的头文件，这是 Objective-C 中的一个基础类库，后面章节用到的所有 Objective-C 的代码基本上都需要引入这个类库。

第三，NSLog 是标准输出函数，类似于 C 语言中的 printf() 函数，但是它会自动换行，当然它同样支持格式输出(例如 %i 表示输出整型数据，%f 表示输出浮点型数据)，这个函数在 Foundation.h 中要声明。

第四，@"The first OC program!"是一个字符串常量，需要注意的是为了区分 C 语言中的字符串，在 Objective-C 中字符串前需要使用 @ 符号。另外 Objective-C 中很多关键字都是以 @ 开头(例如 @ autoreleasepool，@ interface，@ protocol)。

第五，Objective-C 中没有命名空间(C#)或包(Java)的概念，也就是说在同一个应用中不能同时存在两个完全相同的类名，通常情况下需要通过前缀加以区分，例如在 Objective-C 中的 NSString，NSLog 中的 NS 就是前缀。

2.1.2 Objective-C 的数据类型

在 Objective-C 中的基本数据类型除了 C 语言中的 char，int，float，double 之外还有以下几个类型。

(1) BOOL 类型包含两个值 YES 和 NO，Objective-C 中的布尔类型就是整数 1 和 0。

(2) id 类型是一个对象类型,可以表示所有对象。
(3) NSInteger 本质上是 long 类型。
(4) CGFloat 本质上是 double 类型。
(5) SEL 为方法选择器。
(6) IMP 为函数指针。
(7) Class 为类类型。
(8) NSString 是 Foundation 框架中定义的字符串类型。

2.1.3　Objective – C 的书写规范

(1) 变量的命名需要做到见名知义。
(2) 变量和方法的命名需要遵守驼峰法(除第一个首字母小写,其他首字母需要大写)。
(3) 每个方法前需添加注释。
(4) "//文本"为单行注释,被注释的该行不会运行。
(5) "/ * 文本 * /"为多行注释,被注释的所有内容都不会运行。
(6) 某一个大分类方法前需添加索引。

2.1.4　Objective – C 的格式符

表 2.1　Objective – C 语言的格式符

格式符	说明
%i	以十进制形式输出整数,注意%hi 输出短整型,%li 长整型
%u	输出无符号整形(unsigned int)
%o	以不带符号八进制输出整数
%x	以不带符号十六进制输出整数
%c	输出一个字符
%f	以小数形式输出单精度、双精度浮点数,%lf 为长双精度类型
%@	输出一个字符串
%p	输出一个对象类型

表中关于%@,任何一个类都有一个 description 方法,它返回的是一个字符串类型的数据。所以每次使用%@,都会调用这个方法,显示出这个类的描述信息。

2.2　Objective – C 类和对象

2.2.1　面向对象思维的建立

(1)对象和类。常说的一句话,万物皆对象。对象可以说是某种类别的具体实现。比如人类是个类别,是个比较抽象的概念。但如果说小明,会认为他是个人,那么小明就是人类的一个对象。

一个类别,可以对这种种类进行属性描述和行为方式描述。既然一个类的实例,具有独立自主的属性描述和行为方式,那么就可对它进行调用。下面以"洗衣服"为例。

①过程表达:打开洗衣机,放入水,放入衣物,放入洗衣粉,启动设备。

②面向对象的表达:找一个保姆,让她去洗。

从上述①和②的对比可以得出如下结论。

a)过程的表达是需要亲力亲为的,每一个步骤由自己来完成。

b)面向对象的表达是要调用一个对象,告诉他要做什么事,让他去完成工作,我们只需要知道最后完成的结果即可,而不需要去做具体的事情。

通过对对象的控制方式进行编程即称为面向对象编程(object oriented programming,OOP),面向对象是一种对现实世界理解和抽象的方法。

(2)类的设计。将面向对象思想和代码相结合,如下所述。

人类的声明	@ interface People:NSObject{
年龄的声明	int age;
体重的声明	int weight;
	}
奔跑的声明	– (void)run;
	@ end
人类的实现	@ implementation People
奔跑的实现	– (void)run{
	NSLog(@ "奔跑");
	}
年龄的实现	age = 10;
体重的实现	weight = 80;
	@ end

通过上面的叙述,可以看出,设计一种类别时,对这个种类的描述是类的属性描述,也是对种类行为的描述,即类的方法,如此一个类就被创建成功了。在现实生活中,可以通过他人的名片获取对他的描述,比如年龄、体重、身高、民族。这些在设计类的时候,作为在@ interface 里面的属性定义,而年龄的具体数据、具体的行为,需要在@ implementation 里面来实现。

下面是具体的操作。

①File→new – File→OS X – Cocoa Class,如图 2.5 所示。

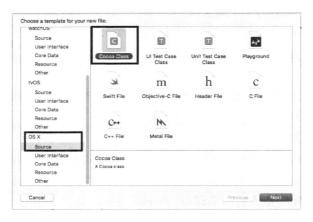

图 2.5　操作步骤一

②填写内容如图 2.6 所示。

Class:类名。

Subclass of:父类。

Language:编程语言。

图 2.6　操作步骤二

③成功创建类文件之后会出现.h和.m文件,如图2.7所示。

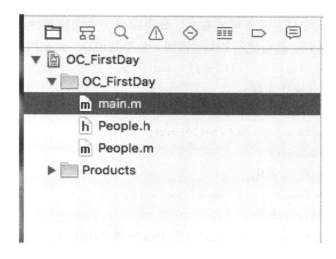

图2.7 创建后出现.m和.h文件

[1]People.h
[2]#import <Foundation/Foundation.h>
[3]@interface People：NSObject
[4]@end

[1]People.m
[2]#import "People.h"
[3]@implementation People
[4]@end

在 Objective – C 中定义一个类需要两个文件.h 和.m。

.h 文件,存放类的声明,包括成员变量、属性和方法声明(事实上.h 文件不参与编译过程)。关键字@ interface 声明一个类,同时它必须以@ end 结束,在这两个关键字中间声明相关成员。在声明 People 类的同时可以看到它继承于 NSObject,这是 Objective – C 的基类,所有的类最终都继承于这个类(但是需要注意 Objective – C 中的基类或者根类并不只有一个,例如 NSProxy 也是 Objective – C 的基类),由于这个类在 Foundation 框架中定义,所以导入了 <Foundation/Foundaton.h>(即导入 Foundation 框架中的 Foundation.h 声明文件)。

.m 文件,存放属性、方法的具体实现。关键字@ implementation 用于实现某个类,同时必须以@ end 结尾,在这两个关键字中间实现具体的属性、方法。由于 . m 文件中使用了 People 类,所以需要导入声明文件"People. h"。值得注意的是,在 . m 文件中声明的变量名是不可重复的。如果同样的非局域属性名称在另一个类的 . m 文件中被创建,就会显示 linked 错误。也就是说在 . m 文件中声明的变量是公共的,是在内存中公用的。可以通过 extern 关键字进行调用。

④类的实例化操作步骤。

[1] int main(int argc, const char * argv[ ]) {
[2] @ autoreleasepool {
[3] //将 People 实例化
[4] People * People = [[People alloc] init];
[5] //上面的分解步骤
[6] People * people;   //定义一个 People 类型的变量
[7] people = [People alloc]; //为这个变量开辟内存空间(实例化)
[8] people = [people init];   //初始化这个变量
[9] }
[10] return 0;
[11] }

(3)成员变量。

[1] @ interface People:NSObject
[2] {
[3] / * 成员变量必须定义在{ }中
[4] 在 Objective – C 中推荐成员变量名以_开头
[5] 加上下划线是为了区分局部变量
[6] 注意在 Objective – C 中不管是自定义的类还是系统类对象都必须是一个指针
[7] 注意只能定义不能赋值,因为这里只是在做声明操作,不能赋值
[8] */
[9] int _age;   //年龄
[10] NSString * _name; //姓名,默认值是 nil 空指针
[11] }
[12] @ end

(4)访问修饰符。

[1]@ interface People：NSObject
[2]{
[3]//@ public 公共的,在外部可以访问
[4]//@ private 私有的,只能在本类当中访问
[5]//@ protected 受保护的,只能在该类和该类的所有子类当中访问
[6]//Objective – C 当中如果没有特意强调修饰符,默认为@ protected
[7]@ public
[8]int _age；
[9]@ private
[10]NSString * _name；
[11]@ protected
[12]int _weight；
[13]}
[14]@ end

在 main 函数当中测试如下。

[1]#import < Foundation/Foundation. h >
[2]#import " People. h"
[3]int main(int argc, const char * argv[ ])
[4]{
[5]@ autoreleasepool {
[6]People * people = [[People alloc] init] ；
[7]people – >_age = 10；
[8]NSLog(@ " age：% d" ,people – >_age)；
[9]}
[10]return 0；
[11]}

这里需要注意以下几点。
Objective – C 中所有的对象类型的变量都必须加上"*",在 Objective – C 中对象其实就是一个指针(例如之前看到的 NSString 也是如此,但是基本类型不用加

"*")。

在 Objective – C 中使用[ ]进行方法调用,方法调用的本质就是给这个对象或类发送一个消息。

在 Objective – C 中类的实例化需要两个步骤:分配内存和初始化。类的初始化调用了父类的 init 方法,如果使用默认初始化方法进行初始化(没有参数),内存分配和初始化可以简写成[People new]。

公共成员的调用使用" – >"操作符。

2.2.2 Objective – C 方法和封装

(1)方法。方法作为类的行为动作,用于实现具体的执行过程。

实例方法定义:

– (返回值类型) 方法名:(参数类型) 参数名称　标签名(可省略):(参数类型)参数名

静态方法定义:

+ (返回值类型) 方法名:(参数类型) 参数名称　标签名(可省略):(参数类型)参数名

```
[1]#import  < Foundation/Foundation. h >
[2]@ interface People：NSObject
[3]{
[4]@ public
[5]NSString  * name;
[6]}
[7]//声明一个实例方法,没有返回值
[8] – (void)setName:(NSString  *)name;
[9]//声明一个静态方法,没有返回值
[10] + (void)changeName:(NSString  *)newName;
[11]@ end


[1]#import "People. h"
[2]static int otherAge;//静态变量
[3]@ implementation People
[4]//实现实例方法
[5] – (void)setName:(NSString  *)name
```

[6]{
[7]_name = name;
[8]//实例方法可以直接调用静态变量
[9]otherAge = 10;
[10]NSLog(@"静态变量otherAge：%d",otherAge);
[11]}
[12]//实现静态方法
[13] + (void)changeName:(NSString *)newName
[14]{
[15]NSLog(@"静态方法");
[16]//静态方法可以直接调用静态变量
[17]otherAge = 10;
[18]NSLog(@"静态变量otherAge：%d",otherAge);
[19]//静态方法调用实例变量需要实例化
[20]People *people = [[People alloc]init];
[21]people->_name = @"实例变量";
[22]}
[23]@end

注意：关于static静态变量的概念会在单例模式进行详细讲解。这里只要了解到，它不会因为重新alloc而消失，其可以理解为一种公共变量，所有同类型的实例都可以公用。

①方法的调用。方法的调用如图2.8所示。
[实例名称 方法名称:参数]；-方法的调用
[类名　　方法名称:参数]；+方法的调用

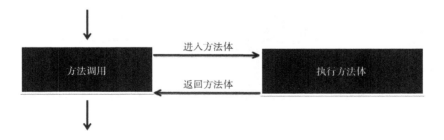

图2.8　方法的调用

②构造函数和自定义构造函数。

a)构造函数用于类的初始化操作,会在 alloc 成功之后,被调用。

@implementation People 为系统默认的构造函数。

[1] - (instancetype)init
[2] {
[3] if(self = [super init])
[4] return self;
[5] }
[6] @end

构造函数分析如下。

self 指向 People 的实例。

[super init]是调用父类的构造函数,在整个 Objective-C 体系当中,呈继承链的模式,只有当父类能够正常初始化之后,子类的存在才会有意义,父类初始化失败,则意味着子类为空。

如果遇到父类进行扩展,而子类无法正常接收实例的时候,改良方式如下。

[1] - (instancetype)init
[2] {
[3] self = [[self class] alloc];
[4] return self;
[5] }

程序中[[self class] alloc]调用自身的类进行实例化操作,保证了不会受父类的初始化影响。

b)自定义构造函数定义。

-(id)initXxx。返回值必须是 id 或者 instancetype,用于接收类的实例,命名符合驼峰法,但必须以 init 开头。

自定义构造函数用于在类创建的时候就将准备工作做好,例如,姓名赋值、调用某个方法。

[1] @interface People:NSObject
[2] {

[3]@ public
[4]NSString * _name;
[5]}
[6]/*
[7]初始化 Name 信息的构造函数
[8]@ param name 新 name
[9]@ return People 实例
[10] */
[11] -(instancetype)initWithName:(NSString *)name;
[12]@ end

[1]@ implementation People
[2]#pragma mark
[3]//初始化 name
[4] -(instancetype)initWithName:(NSString *)name
[5]{
[6]if(self = [super init])
[7]{
[8]//初始化姓名
[9]_name = name;
[10]}
[11]return self;
[12]}
[13]@ end

写了自定义构造函数之后,可以直接替换掉原来的 init 方法,加入自己的方法用于初始化 Name 属性。通过上面的例子,可以看出在调用自定义方法的时候,还需要手动 alloc,这不便于使用,所以可以定义静态方法来改良。

[1]/*
[2]静态构造函数
[3]@ param name name
[4]@ return People 类实例
[5]*/

[6] + (id)initWithName:(NSString *)name;

改良如下。

[1] + (id)initWithName:(NSString *)name
[2] {
[3] return [[People alloc]initWithName:name];
[4] }

经上面改良之后,在调用的时候就可以直接使用静态方法进行调用,无须做更多 alloc 操作。

③description 方法。description 方法用于对类的描述,使用%@。NSString 会直接将内容显示出来,NSArray 会直接将元素显示出来,自定义类的话只能显示出内存地址。

使用%@,只能显示出类的内存地址。

然后重写 description,通过重写 description 方法,返回需要的值。

这时使用%@,不再显示内存信息,而显示的是需要的信息。

(2)封装。封装简单理解就是将一个属性设定为私有化,而对外提供接口,使得属性的值可以被设置和获取,但无法获取这个属性。封装的好处是提高代码安全性。

①封装的接口设置。

setter:属性设置器。

命名符合驼峰命名法,以 set 开头,返回值一定是 void。必须要接收一个参数,而且参数类型需要和成员变量的类型一致,形参名不能和成员变量名一样(苹果公司官方推荐成员变量名前加_以示区分)。set 方法的好处是不让数据暴露在外,保证了数据的安全性,并可以对设置的数据进行过滤。

getter:属性获取器。

必须有返回值,返回值的类型和成员变量的类型一致;方法名和成员变量名一样;不需要接收任何参数。

[1] #import <Foundation/Foundation.h>
[2] @interface People:NSObject
[3] {
[4] @private//设置私有化,使得外界无法获取该属性

[5]NSString * _name;
[6]}
[7]//设置 name 的值
[8] - (void)setName:(NSString *)name;
[9]//获取 name 的值
[10] - (NSString *)name;
[11]@ end

[1]#import "People.h"
[2]@ implementation People
[3]#pragma mark
[4]设置 name 的值
[5] - (void)setName:(NSString *)name
[6]{
[7]_name = name;
[8]}
[9]#pragma mark 获取 name 的值
[10] - (NSString *)name
[11]{
[12]return _name;
[13]}
[14]@ end

当一个属性具有了 set 和 get 方法之后,就可以只用点语法进行调用。

通过上面的例子可以看出,将某个属性进行私有化,并且提供外部接口的即为封装。而通过上面的延伸同样可以将方法进行封装。如果一个方法没有在.h 文件中声明,而在.m 文件中实现,那么这种就是私有化方法。私有化方法无法被外部访问,可以被内部方法访问。要想获取私有化方法的值,可以用公共方法调用私有化方法,形成间接访问。

②self 关键字。self 可以代表实例,也可以代表类。self 的意思是指向当前调用的实例或类。

当一个属性拥有了 set 或者 get 方法,或者只有其中一个,都可以用 self.xx 来快速调用 set 或者 get 方法。

self 的运用方法如下。

[1]@implementation People
[2] -(void)displayA
[3]{
[4]//实例方法可以直接调用实例方法
[5][self displayA];//当前的 self 指向的是 People 的实例
[6]//实例方法调用静态方法需要用到类名调用
[7][People showInfoA];
[8]}
[9] -(void)displayB
[10]{
[11][self displayB];
[12]}
[13] +(void)showInfoA
[14]{
[15]//静态方法可以直接调用静态方法
[16][self showInfoA];//当前的 self 指向的是 People 类
[17]//静态方法调用实例方法需要实例化
[18]People *people = [[People alloc]init];
[19][people displayA];
[20]}
[21] +(void)showInfoB
[22]{
[23][self showInfoB];
[24]}
[25]@end

同理，name 方法也会出现同样的情况，所以在设计属性变量的时候需要为属性前面加上下划线便于区分和参数名称相同的情况。

③property 关键字。property 会声明一个私有化成员属性，并且会为这个属性提供 set 和 get 方法。其有多种控制模式，包括线程加锁权限的控制、只读和可写的控制、对于内存管理的控制。

property 实现的方法有以下几种。

a）直接进行变量声明，当前模式下默认是 atomic，readwrite，assign。

[1]@property int age;

b）显示设置其控制权限。

[1]@interface People:NSObject
[2]@property (nonatomic,readwrite,copy) NSString *otherName;
[3]@property (nonatomic,readonly,assign) int otherAge;
[4]@property (nonatomic,readwrite,strong) Son *son;
[5] -(void)display;
[6]@end
[7]#import "People.h"
[8]@implementation People
[9] -(void)display
[10]{
[11]//通过 property 声明的属性，可自动生成 set/get 方法
[12]//不要主动地去定义和实现 set/get 方法
[13]//这里调用的是 setOtherName 方法
[14]self.otherName = @"property 属性";
[15]//这里调用的是 otherName 方法
[16]NSLog(@"otherName:%@",self.otherName);
[17]}
[18]@end

这里先介绍上段代码中出现的几个关键字。
- readonly：生成 get 方法。
- readwrite：生成 set 和 get 方法。
- copy：可用于字符串，创建一个新的对象，将原有对象内容复制到新对象中。简单理解就是产生一个副本，原有文件消失不会影响这个副本，而副本消失也不会影响原有文件，可用于 NSString/block。
- strong：在原有类的基础上进行改动。用于除 NSString/block 以外的 Objective-C 对象。
- assign：针对基本数据类型，单纯地进行赋值，不会牵涉内存方面的问题。

使用方法如下。用于基本类型、枚举、结构体。

④synthesize 关键字。在早期的时候，property 值负责声明 set/get 方法，而 synthesize 负责实现 set/get 方法。但现在省略了 synthesize 的功能，由 property 负责声明和实现。

synthesize 负责在 property 属性名称和非 property 成员属性名称相同的情况下，区分两者。

可以通过"@ synthesize name = _name;"这种方式,告诉编译器,property 将会采用 _name 的名称,这样就会和同名的非 property 的成员属性区分开来。

重写 set/get 方法时应注意：在没有重写 set/get 方法的时候或者显示使用"@ synthesize name = _name;"的时候,property 会自动为属性设置一个_ name,来解决 set 方法的参数同名问题。但是需要特别注意的几个问题如下。

a) 只重写 set 方法或者 get 方法的时候可以正常使用_name。

[1]@ interface People：NSObject
[2]@ property（nonatomic,readwrite,copy）NSString * name；
[3]@ end
[4]@ implementation People
[5] -（void）setName:（NSString *）name
[6]{
[7]_name = name;
[8]}
[9]@ end

b) 同时重写 set 和 get 方法时,系统将会无法识别_name 变量,这时候需要编写"@ synthesize name = _name;"来告诉编译器用_name 代替 name 的工作。

2.3　Objective – C 的继承、重写、多态

2.3.1　继承

继承指一个对象直接使用另一对象的非私有化属性和方法。
继承的实现如下。

[1]#import "SuperClass. h"

[2]@ interface SubClass：SuperClass
[3]@ end

导入父类的.h文件,无需再导入 Foundation 框架,因为父类中已经存在。在子类的冒号前写上父类的类名。NSObject 是任何类的父类,实例如下。

(1)父类:Father。

[1]#import ＜Foundation/Foundation.h＞
[2]@ interface Father：NSObject
[3]{
[4]NSString ＊_name；
[5]}
[6] -(void)showName；
[7]@ end

[1]@ implementation Father
[2] -(void)showName
[3]{
[4]_name = @"父类属性"；
[5]NSLog(@"父类方法")；
[6]}
[7]@ end

(2)子类:Son。

[1]#import "Father.h"
[2]@ interface Son：Father
[3]@ end

[1]#import "Son.h"
[2]@ implementation Son
[3]@ end

从前文中可以看到,父类 Father 具有属性_name 和 showName 方法,而子类 Son

中什么都没有定义。但是通过实例化，却能够使用父类的方法，说明它们之间存在着继承关系。子类可以使用父类的非私有属性和方法。

将父类的属性访问修饰符设置为@private会发现，在子类当中无法直接调用被@private所修饰的属性。在父类中不声明的方法，皆为私有方法，在子类中无法直接访问父类的私有方法。没有绝对的私有化，可以通过公共和私有相结合，让父类的公共调用私有，子类是可以继承父类的公共属性或者方法的，这样就解决了子类无法使用父类私有属性和方法的问题。

2.3.2 重写

重写是对父类已有方法进行重新编写。通过继承，可以很方便地获取父类已经拥有的方法，但是很多时候，父类的功能不能完全符合对于项目的要求，这个时候，就需要用到重写的功能，调用父类的方法，对其重新编写。当然，如果想保留父类的功能也可以使用[super xxx]，利用super关键字来获取父类的原有方法。继续沿用上面的实例，只需要改动的部分如下。

[1]@implementation Son
[2]-(void)showName
[3]{
[4]NSLog(@"子类方法");
[5]}
[6]@end

由于重写了showName方法，函数被调用的方法就变成了子类当中的showName方法。

2.3.3 多态

多态指编译时的类型和运行时的类型不同，即在相同情况下表现出多种状态。没有继承就没有多态，在代码中则体现为父类类型的指针指向子类对象。它的好处在于如果函数方法参数中使用的是父类类型，则可以传入父类和子类对象，而不用再去定义多个函数来和相应的类进行匹配。它的局限性在于父类类型的变量不能直接调用子类特有的方法，如果必须要调用，则必须强制转换为子类特有的方法。

下面具体分析多态在代码中的表现。故事背景：有一个父亲，经营一个工厂，这个厂在他手里年收益为100万元，但是过了几年，传到他儿子手里，经过重新装修,改良技术后,赚了 2 亿元。

(1)父类:Father。

[1]#import <Foundation/Foundation.h>
[2]@interface Father:NSObject
[3]-(void)createAFactory;
[4]-(void)getInfoWithTheFactory:(Father *)father;
[5]@end

[1]@implementation Father
[2]-(void)createAFactory
[3]{
[4]NSLog(@"------------------");
[5]NSLog(@"工厂名称:加工厂");
[6]NSLog(@"工厂年收益:100万元");
[7]NSLog(@"厂长:父亲");
[8]NSLog(@"------------------");
[9]}
[10]-(void)getInfoWithTheFactory:(Father *)father
[11]{
[12][father createAFactory];
[13]}
[14]@end

(2)子类:Sub。

[1]#import "Father.h"
[2]@interface Sub:Father
[3]@end

(3)重写。

[1]@implementation Sub

[2]-(void)createAFactory
[3]{
[4]NSLog(@"----------------");
[5]NSLog(@"工厂名称:加工厂");
[6]NSLog(@"工厂年收益:2亿元");
[7]NSLog(@"厂长:儿子");
[8]NSLog(@"----------------");
[9]}
[10]-(void)getInfoWithTheFactory:(Sub *)father
[11]{
[12][father createAFactory];
[13]}
[14]@end

(4)在main函数中测试如下。

[1]#import <Foundation/Foundation.h>
[2]#import "Father.h"
[3]#import "Sub.h"
[4]int main(int argc, const char * argv[]){
[5]@autoreleasepool{
[6]//father的变量,sub的实例
[7]Father *father = [[Sub alloc]init];
[8]//在运行时father会被转换成sub类型
[9][father getInfoWithTheFactory:father];
[10]}
[11]return 0;
[12]}

通过上面的实例,可以看出,定义的时候明明是Father类型,却在最后运行时进行了子类的重写。由此判定,在实例化的过程中,原本属于Father类的变量,被重写为Sub类的实例。分步骤分析如下。

编译时:"Father *father"定义属于Father类的变量。

运行时:"father = [Sub alloc];"语句中对Sub类进行实例化操作,将结果给

了 father,从这里开始 father 就应该属于 Sub 类。

继续运行时:"father = [father init];"语句中对 Sub 类进行初始化。

从上面的分析来看,在 alloc 的时候,分配的并不是属于 Father 的内存地址,而是 Sub 的内存地址,所以该实例内存当中只会储存属于 Sub 的方法。当然,如果 getInfoWithTheFactory 方法没有被重写,那么将会调用父类的 getInfoWithTheFactory 方法。

2.4 文件操作

2.4.1 NSFileManager 的使用

(1)NSFileManager 文件的常用方法如下。

① -(NSData *)contentsAtPath:path;指从一个文件中读取数据。

② -(BOLL)createFileAtPath:path contents:(NSData *)data attributes:attr;指向一个文件写入数据。

③ -(BOOL)removeItemAtPath:path error:err;指删除一个文件。

④ -(BOOL)moveItemAtPath:from toPath:to error:err;指重命名或移动一个文件(to 不能是已存在的)。

⑤ -(BOOL)copyItemAtPath:from toPath:to error:err;指复制文件(to 不能是已存在的)。

⑥ -(BOOL)contentsEqualAtPath:path1 andPath:path2;指比较这两个文件的内容。

⑦ -(BOOL)fileExistsAtPath:path;指测试文件是否存在。

⑧ -(BOOL)isReadableFileAtPath:path;指测试文件是否存在,并且是否能执行读操作。

⑨ -(BOOL)isWritableFileAtPath:path;指测试文件是否存在,并且是否能执行写操作。

⑩ -(NSDictionary *)attributesOfItemAtPath:path error:err;指获取文件的属性。

通过下面的代码具体了解。

[1]//创建一个文件管理器默认对象

[2]NSFileManager *fileManager = [NSFileManager defaultManager];

[3]//获取当前程序所在目录

[4]NSString *currentPath = [fileManager currentDirectoryPath];
[5]NSLog(@"当前程序所在目录:%@",currentPath);
[6]//创建目录
[7]NSString *dicPath = @"/Users/whunf/Documents/DicPathA";
[8]BOOL ret = [fileManager createDirectoryAtPath:dicPath
[9]withIntermediate Directories:YES attributes:nil error:nil];
[10]NSLog(@"%@",ret? @"创建成功":@"创建失败");
[11]NSString *newPath = @"/Users/whunf/Documents/DicPathA/";
[12]//改变当前目录
[13]ret = [fileManager changeCurrentDirectoryPath:newPath];
[14]if(ret)
[15]{
[16]NSLog(@"改变");
[17]}
[18]currentPath = [fileManager currentDirectoryPath];
[19]NSLog(@"当前程序所在目录:%@",currentPath);
[20]//遍历全部目录方法1
[21]NSString *allPath = @"/Users/whunf/Documents/Protocol";
[22]NSDirectoryEnumerator *directEnu = [fileManager enumeratorAtPath:
[23]allPath];
[24]NSString *temp = nil;
[25]while (temp = [directEnu nextObject]) {
[26]NSLog(@"%@",temp);
[27]}
[28]//方法2
[29]NSArray *pathArr = [fileManager contentsOfDirectoryAtPath:allPath error:
[30]nil];
[31]for(NSString *temp in pathArr)
[32]{
[33]NSLog(@"%@",temp);
[34]}
[35]//文件操作
[36]NSFileManager *fileManager = [NSFileManager defaultManager];
[37]NSString *filePath = @"/Users/whunf/Documents/Protocol/Protocol/

[38]main. m";

[39]NSString *otherPath = @"/Users/whunf/Documents/main. m";

[40]//判断这个文件是否存在,也可以判断目录是否存在

[41]if([fileManager fileExistsAtPath:filePath isDirectory:NO])

[42]{

[43]NSLog(@"存在");

[44]}

[45]else

[46]NSLog(@"不存在");

[47]//文件是否可读

[48]if([fileManager isReadableFileAtPath:filePath])

[49]{

[50]NSLog(@"文件可读");

[51]}

[52]else

[53]NSLog(@"文件不可读");

[54]//判断两个文件是否相等 判断文件属性

[55]if([fileManager contentsEqualAtPath:filePath andPath:otherPath])

[56]{

[57]NSLog(@"相等");

[58]}else

[59]NSLog(@"不相等");

[60]//文件重命名

[61]if([fileManager moveItemAtPath:otherPath toPath:@"/Users/whunf/

[62]Documents/mainEdit. m" error:nil])

[63]{

[64]NSLog(@"文件名修改成功");

[65]}

[66]//文件拷贝

[67]if([fileManager copyItemAtPath:@"/Users/whunf/Documents/dic. txt"

[68]toPath:@"/Users/whunf/Documents/DicPathA/dic. txt" error:nil])

[69]{

[70]NSLog(@"文件拷贝成功");

[71]}

[72]//读取文件属性
[73]NSDictionary * attributes = [fileManager attributesOfItemAtPath:filePath
[74]error:nil];
[75]for(id temp in attributes)
[76]{
[77]NSLog(@"%@",attributes[temp]);
[78]}
[79]//删除文件
[80]if([fileManager removeItemAtPath:@"/Users/whunf/Documents/
[81]DicPathA" error:nil])
[82]{
[83]NSLog(@"删除成功");
[84]}
[85]else
[86]NSLog(@"删除失败");

（2）NSFileManager 文件目录的常用方法如下。
① -(NSString *)currentDirectoryPath;指获取当前目录。
② -(BOOL)changeCurrentDirectoryPath:path;指更改当前目录。
③ -(BOOL)copyItemAtPath:from toPath:to error:err;指复制目录结构。
④ -(BOOL)createDirectoryAtPath:path withIntermediateDirectories:(BOOL)flag attributes:attr;指创建一个新目录。
⑤ -(BOOL)fileExistsAtPath:path isDirectory:(BOOL *)flag;指测试文件是不是目录(flag 中存储结果)。
⑥ -(NSArray *)contentsOfDirectoryAtPath:path error:err;指列出目录内容。
⑦ -(NSDirectoryEnumerator *)enumeratorAtPath:path;指枚举目录的内容。
⑧ -(BOOL)removeItemAtPath:path error:err;指删除空目录。
⑨ -(BOOL)moveItemAtPath:from toPath:to error:err;指重命名或移动一个目录。

文件操作的实例如下。
题目：在自己的电脑上创建一个文件夹名字叫作 myDir，再在里面创建一个文件 myfile.txt，再将这个文件内容复制到文稿当中。

[1]#import <Foundation/Foundation.h>

```
[2]@ interface FileTest: NSObject
[3]@ property (nonatomic, readwrite, strong) NSFileManager * fileManger;
[4]/*
[5]创建文件夹
[6]@ param path 路径
[7]@ return 创建结果
[8]*/
[9] - (BOOL)createDirectoryFromPath:(NSString *)path;
[10]/*
[11]创建文件
[12]@ param path 路径
[13]@ return 创建结果
[14]*/
[15] - (BOOL)createFileFromPath:(NSString *)path;
[16]/*
[17]拷贝文件
[18]@ param path 当前路径
[19]@ param copyPath 拷贝路径
[20]@ return 拷贝结果
[21]*/
[22] - (BOOL)copyFileWithPath:(NSString *)path ToPath:(NSString *)
[23]copyPath;
[24]@ end


[1]#import "FileTest.h"
[2]@ implementation FileTest
[3] - (instancetype)init
[4]{
[5]if(self = [super init])
[6]{
[7]//初始化文件管理器
[8]self.fileManger = [NSFileManager defaultManager];
[9]}
[10]return self;
```

[11]}
[12]#pragma mark//创建文件夹
[13] -(BOOL)createDirectoryFromPath:(NSString *)path
[14]{
[15]return [self.fileManger createDirectoryAtPath:path
[16]withIntermediate Directories:YES attributes:nil error:nil];
[17]}
[18]#pragma mark//创建文件
[19] -(BOOL)createFileFromPath:(NSString *)path
[20]{
[21]NSString *content = @"我是一个文件的内容";
[22]//将字符串内容放入到 NSData 中
[23]NSData *data = [content dataUsingEncoding:NSUTF8StringEncoding];
[24]//创建文件,将 NSData 的数据写入到文件当中
[25]return [self.fileManger createFileAtPath:path contents:data attributes:nil];
[26]}
[27]#pragma mark//拷贝文件
[28] -(BOOL)copyFileWithPath:(NSString *)path ToPath:
[29](NSString *)copyPath
[30]{
[31]return [self.fileManger copyItemAtPath:path toPath:copyPath error:nil];
[32]}
[33]@end

[1]#import <Foundation/Foundation.h>
[2]#import "FileTest.h"
[3]int main(int argc, const char *argv[]) {
[4]@autoreleasepool {
[5]FileTest *test_file = [[FileTest alloc]init];
[6]//创建文件夹
[7]BOOL ret = [test_file createDirectoryFromPath:@"/Users/whunf/
[8]Documents/myDir"];
[9]NSLog(@"%@",ret? @"文件夹创建成功":@"文件夹创建失败");
[10]//创建文件

[11]ret = [test_file createFileFromPath:@"/Users/whunf/Documents/myDir/
[12]myfile.txt"];
[13]NSLog(@"%@",ret? @"文件创建成功":@"文件创建失败");
[14]ret = [test_file copyFileWithPath:@"/Users/whunf/Documents/myDir/
[15]myfile.txt" ToPath:@"/Users/whunf/Documents/OtherDir/myfile.txt"];
[16]NSLog(@"%@",ret? @"文件拷贝成功":@"文件拷贝失败");
[17]}
[18]return 0;
[19]}

2.4.2 NSFileHandle 的使用

NSFileManager 主要用于文件的操作(删除,修改,移动,赋值等),NSFileHandle 主要实现对文件的内容进行读取和写入操作。NSFileHandle 处理文件的步骤:创建一个 NSFileHandle 对象,对打开的文件进行 I/O 操作,关闭文件对象操作。

(1)NSFileHandle 文件的常用方法如下。

① + (id)fileHandleForReadingAtPath:(NSString *)path;指打开一个文件准备读取。

② + (id)fileHandleForWritingAtPath:(NSString *)path;指打开一个文件准备写入。

③ + (id)fileHandleForUpdatingAtPath:(NSString *)path;指打开一个文件可以更新(读取,写入)。

④ - (NSData *)availableData;指返回可用的数据。

⑤ - (NSData *)readDataToEndOfFile;指从当前的节点位置读取到文件末尾。

⑥ - (NSData *)readDataOfLength:(NSUInteger)length;指从当前的节点位置开始读取指定长度的数据。

⑦ - (void)writeData:(NSData *)data;指写入数据。

⑧ - (unsigned long long)offsetInFile;指获取当前文件的偏移量。

⑨ - (unsigned long long)seekToEndOfFile;指跳转到文件结尾。

⑩ - (void)seekToFileOffset:(unsigned long long)offset;指跳转到指定文件的指定的偏移量的位置。

⑪ - (void)truncateFileAtOffset:(unsigned long long)offset;指设置文件长度。

⑫ - (void)synchronizeFile;指文件同步。

⑬ - (void)closeFile;指关闭文件。

(2) 更新文件内容代码如下。

[1] NSString *homePath = NSHomeDirectory();
[2] NSLog(@"%@",homePath);
[3] NSString *filePath = [homePath stringByAppendingFormat:@"/Desktop/
[4] liuyuanchun.txt"];
[5] NSLog(@"%@",filePath);
[6] NSFileManager *manager = [[NSFileManager alloc]init];
[7] //判断文件是否存在,如果文件不存在就创建一个文件
[8] if(![manager fileExistsAtPath:filePath])
[9] {
[10] NSString *str = @"原有内容";
[11] NSData *data = [str dataUsingEncoding:NSUTF8StringEncoding];
[12] //创建一个文件
[13] BOOL ret = [manager createFileAtPath:filePath contents:data attributes:nil];
[14] NSLog(@"%@",ret? @"创建成功":@"创建失败");
[15] }
[16] //创建文件,模式为在原有文件内容的基础上添加新内容
[17] NSFileHandle *fileHandle = [NSFileHandle fileHandleForUpdatingAtPath:
[18] filePath];
[19] //跳到文件末尾
[20] [fileHandle seekToEndOfFile];
[21] NSString *str = @"测试加入的数据";
[22] NSData *data = [str dataUsingEncoding:NSUTF8StringEncoding];
[23] //将数据写入到文件中去
[24] [fileHandle writeData:data];
[25] [fileHandle closeFile];

(3) 读取文件内容代码如下。

[1] NSString *homePath = NSHomeDirectory();
[2] NSString *filePath = [homePath stringByAppendingFormat:@"/Desktop/
[3] liuyuanchun.txt"];
[4] //创建文件,模式为读取

[5]NSFileHandle *fileHandle = [NSFileHandle fileHandleForReadingAtPath:
[6]filePath];
[7]//返回可用的数据
[8]NSUInteger length = [fileHandle availableData].length;
[9]/*字符偏移的字节数,如果中文的话是UTF8编码下为3的倍数,否则
[10]读取为null*/
[11][fileHandle seekToFileOffset:6];
[12]//读取的长度
[13]NSData *data = [fileHandle readDataOfLength:length];
[14]NSString *str = [[NSString alloc]initWithData:data encoding:NSUTF8
[15]StringEncoding];
[16]NSLog(@"%@",str);

(4)文件拷贝代码如下。

[1]//获取沙盒路径
[2]NSString *homePath = NSHomeDirectory();
[3]//设置文件路径
[4]NSString *filePath =
[5][homePath stringByAppendingFormat:@"/Desktop/liuyuanchun.txt"];
[6]NSFileManager *manager = [NSFileManager defaultManager];
[7]//判断文件是否存在,如果文件不存在就创建一个文件
[8]if(![manager fileExistsAtPath:filePath])
[9]{
[10]NSString *str = @"原有内容";
[11]NSData *data = [str dataUsingEncoding:NSUTF8StringEncoding];
[12]//创建一个文件
[13]BOOL ret = [manager createFileAtPath:filePath contents:data attributes:
[14]nil];
[15]NSLog(@"%@",ret?@"创建成功":@"创建失败");
[16]}
[17]//获取文件句柄,模式为读取
[18]NSFileHandle *fileHandle = [NSFileHandle fileHandleForReadingAtPath:
[19]filePath];

[20]//设置拷贝的文件路径
[21]NSString * copyPath = [homePath stringByAppendingFormat:@"/Desktop/
[22]outfile.txt"];
[23]//判断文件是否存在,如果文件不存在就创建一个文件
[24]if(![manager fileExistsAtPath:copyPath])
[25]{
[26]NSString * str = @"原有内容";
[27]NSData * data = [str dataUsingEncoding:NSUTF8StringEncoding];
[28]//创建一个文件
[29]BOOL ret = [manager createFileAtPath:copyPath contents:data attributes:
[30]nil];
[31]NSLog(@"%@",ret? @"创建成功":@"创建失败");
[32]}
[33]//读取文件
[34]NSFileHandle * inFileHandle = [NSFileHandle fileHandleForReading
[35]AtPath:filePath];
[36]//写入文件
[37]NSFileHandle * outFileHandle = [NSFileHandle fileHandleForWriting
[38]AtPath:copyPath];
[39]//从源文件中获取可用数据
[40]NSData * inData = [inFileHandle availableData];
[41]//读出文件中所有的数据
[42]//下面开始写文件
[43][outFileHandle writeData:inData];
[44]//关闭文件
[45][inFileHandle closeFile];
[46][outFileHandle closeFile];

2.4.3 NSBundle 的使用

bundle(用户也会把 bundle 称为 plug - in)是一个目录,其中包含程序会使用到的资源,这些资源包含图像、声音、编译好的代码。nib 文件对应 bundle,cocoa 提供类 NSBundle。程序是一个 bundle,在 Finder 中,一个应用程序看上去和其他文件没有什么区别,但是实际上它是一个包含了 nib 文件、编译代码,以及其他资源的目录,把这个目录叫作程序的 main bundle。

通过使用"NSBundle * myBundle = [NSBundle mainBundle];"方法可得到程序的 main bundle。

一般通过上述方法得到 bundle,如果需要其他目录的资源,可以指定路径来取得 bundle。"commed line Tool"是没有 bundle 的,所以在用 Objective – C 学习时是无法获取的。在 UI 中可以通过"NSString * path = [[NSBundle mainBundle] pathForResource:@"resourcename" ofType:@"resourcetype"];"来快速获取资源。

2.4.4 如何获取沙盒路径

获取沙盒路径的代码如下。

[1]#import <Foundation/Foundation. h>
[2]@ interface FileSandboxPath: NSObject
[3]@ end
[4]#import "ICSandboxHelper. h"
[5]@ implementation ICSandboxHelper
[6] + (NSString *)homePath{
[7]return NSHomeDirectory();
[8]}
[9] + (NSString *)AppPath
[10]{
[11]NSArray * paths =
[12]NSSearchPathForDirectoriesInDomains(NSApplicationDirectory, NSUser
[13]DomainMask, YES);
[14]return [paths objectAtIndex:0];
[15]}
[16] + (NSString *)docPath
[17]{
[18]NSArray * paths =
[19]NSSearchPathForDirectoriesInDomains(NSDocumentDirectory, NSUser
[20]DomainMask, YES);
[21]return [paths objectAtIndex:0];
[22]}
[23] + (NSString *)libPrefPath
[24]{

[25]NSArray * paths =
[26]NSSearchPathForDirectoriesInDomains(NSLibraryDirectory, NSUser
[27]DomainMask, YES);
[28]return [[paths objectAtIndex:0]
[29]stringByAppendingFormat:@"/Preference"];
[30]}
[31] + (NSString *)libCachePath
[32]{
[33]NSArray * paths =
[34]NSSearchPathForDirectoriesInDomains(NSLibraryDirectory, NSUser
[35]DomainMask, YES);
[36]return [[paths objectAtIndex:0]stringByAppendingFormat:@"/Caches"];
[37]}
[38] + (NSString *)tmpPath
[39]{return [NSHomeDirectory() stringByAppendingFormat:@"/tmp"];
[40]}
[41] + (BOOL)hasLive:(NSString *)path
[42]{
[43]if(![[NSFileManager defaultManager] fileExistsAtPath:path])
[44]{
[45]return [[NSFileManager defaultManager] createDirectoryAtPath:path
[46]withIntermediateDirectories:YES attributes:nil error:NULL];
[47]}
[48]return NO;
[49]}
[50]@end

2.5 Objective – C 的内存管理

2.5.1 iOS 的内存

在管理 iOS 内存之前，需要对 iOS 的内存有一定的认识才能更好地管理。首先介绍 iOS 的内存分配和分区。

（1）RAM 和 ROM。RAM 为运行内存，不能断电存储，例如内存条。ROM 为储存性内存,可以断电存储,例如内存卡、Flash。

由于 RAM 不具备断电存储能力(即一断电数据就会消失),所以 App 程序一般存放于 ROM 中。RAM 的访问速度要远远高于 ROM,价格也较高。

(2)App 程序启动。App 程序启动,系统会把开启的那个 App 程序从 Flash 或者 ROM 里面拷贝到 RAM 中,然后再从 RAM 里面执行代码。这是由于 CPU 不能直接从内存卡里面读取指令(需要 Flash 驱动)。

(3)内存分区。

①栈(stack)。

a)存放局部变量,先进后出,一旦出了作用域就会被销毁,多运用于函数跳转地址和现场保护等。

b)程序员不需要管理栈区变量的内存。

c)栈区地址是从高到低分配的。

②堆(heap)。

a)堆区的内存由程序员管理。

b)堆区的内存是从低到高分配的。

c)ARC(automatic reference counting)的内存管理,是编译器在编译的时候可以自动添加 retain,release,autorelease。

d)堆区分配内存是使用 alloc 来实现。

③全局区/静态区(static)。包括两个部分:未初始化过、初始化过。也就是说这两部分(全局区/静态区)在内存中是放在一起的:初始化的全局变量和初始化的静态变量在一块区域;未初始化的全局变量和未初始化的静态变量在相邻另一块区域。

④常量区。常量字符串存放在这里。

⑤代码区。存放 App 代码,代码区存放于低地址,栈区存放于高地址,区与区之间是不连续的。

(4)注意事项。

①在 iOS 中,堆区的内存是 App 共享的,堆中的内存分配是系统负责的。

②系统使用一个链表来维护所有已经分配的内存空间(系统仅仅记录,并不管理具体的内容)。

③变量使用结束后,需要释放内存,Objective-C 中当引用计数等于 0 时,就说明无论任何变量使用该空间,系统都会直接收回。

④当一个 App 启动后,代码区、常量区、全局区大小已经固定,一次指向这些区的指针不会产生崩溃性的错误。而堆区和栈区是时时刻刻变化的(堆区创建销毁,栈区弹入弹出),所以当使用一个指针指向这两个区里面的内存时,一定要注意内

存是否已经被释放,否则会产生程序崩溃(即野指针报错)。

(5)其他操作系统。

①iOS 是基于 UNIX,Android 是基于 Linux。在 UNIX 和 Linux 系统中,内存管理方法基本相同。

②Android 应用程序的内存分配和 iOS 相似。除此以外,应用层的程序使用的都是虚拟内存,它们都是建立在操作系统之上的,只有开发底层驱动或低级支持包时才会接触到物理内存中。例如在嵌入式 Linux 中,实际的物理地址只有 64M,甚至更小,但是虚拟内存却可以高达 4G 以上。

2.5.2 引用计数器

在 Xcode 4.2 以前,Xcode 模式都是 MRC 模式,需要手动添加 release,autorelease,retaincount 等方法来释放和管理内存。4.2 及以后的版本中,由于引入了 ARC 机制,程序编译时,Xcode 可以自动给代码添加内存来释放代码,如果编写手动释放的代码 Xcode 会报错。

Objective-C 中的内存管理机制很重要,优秀的程序则更会侧重于内存管理。优秀的 App 往往占用内存更少、运行更流畅。虽然在新版 Xcode 引入了 ARC,但是很多时候它并不能完全解决问题。

为了理解 iOS 内存是如何管理的,需要先将 Xcode 的 ARC 模式改成 MRC 模式,由于目前市场几乎不再使用 MRC,所以只进行简单介绍。

(1)点击项目名称→Build Settings,然后搜索 garbage,如图 2.9 所示。

图 2.9 ARC 模式改为 MRC 模式

Automatic Refernce Counting 就是 ARC,目前状态是 YES,现将其调成 NO,设置好之后,就可以进行 MRC 模式。

(2)创建 People 类代码如下。

[1] #import <Foundation/Foundation.h>
[2] @interface People：NSObject

[3]#pragma mark
[4]@property(nonatomic,copy)NSString *name;
[5]@property(nonatomic,assign)int age;
[6]@end

[1]#import "People.h"
[2]@implementation People
[3]#pragma mark//重写 dealloc 方法,释放内存
[4]-(void)dealloc
[5]{
[6]NSLog(@"Person 类被销毁");
[7][super dealloc];
[8]//最后一定要调用父类的 dealloc 方法
[9]//1. 父类可能有其他引用对象需要释放
[10]//2. 当前对象真正的释放操作是在 super 的 dealloc 中完成的
[11]}
[12]@end

(3) 在 main 函数中测试如下。

[1]#import <Foundation/Foundation.h>
[2]#import "People.h"
[3]int main(int argc, const char * argv[]) {
[4]People *peo = [[People alloc]init];
[5]peo.name = @"dashan";
[6]peo.age = 10;
[7]People *peoA = [[People alloc]init];
[8]peoA = [peo retain];
[9]//peoA 在这里引用了 peo
[10]NSLog(@"count:%lu",[peoA retainCount]);
[11]//所以 peoA 的引用次数同样加 1
[12][peo release];
[13]//如果 peo 被释放,那么引用 peo 的 peoA 就会减少一次引用。
[14]NSLog(@"count:%lu",[peo retainCount]);

[15][peo retain]; //增加一次引用计数
[16]NSLog(@"count:%lu",[peo retainCount]);
[17][peo retain]; //增加一次引用计数
[18]NSLog(@"count:%lu",[peo retainCount]);
[19][peo release]; //释放一次引用计数
[20]NSLog(@"count:%lu",[peo retainCount]);
[21][peo release]; //释放一次引用计数
[22]NSLog(@"count:%lu",[peo retainCount]);
[23]/* 大家可能会疑惑这里的 count 为什么还是1,不是被销毁了吗？
[24]其实,销毁的只是 peo 指向的对象
[25]但是此时作为 People 变量还存放在 People 对象的地址
[26]*/
[27]peo = nil;
[28]//设置为 nil
[29]//需要将 peo 设置指向 nil,否则它会随机指一个内存,很可能会指向
[30]//不是本程序的地址,那么就会很危险,这就是野指针
[31]NSLog(@"count:%lu",[peo retainCount]);
[32]return 0;
[33]}

运行结果如下。

2017-12-16 23:53:27.319 OC_MRCTEST [1823:143803]count:2
2017-12-16 23:53:27.319 OC_MRCTEST [1823:143803]count:1
2017-12-16 22:53:27.319 OC_MRCTEST [1823:143803]count:1
2017-12-16 22:53:27.319 OC_MRCTEST [1823:143803]count:2
2017-12-16 22:53:27.320 OC_MRCTEST [1823:143803]count:3
2017-12-16 22:53:27.320 OC_MRCTEST [1823:143803]count:2
2017-12-16 22:53:27.320 OC_MRCTEST [1823:143803]count:1
2017-12-16 22:53:27.320 OC_MRCTEST [1823:143803]count:0

通过上面的实例可以了解到:retain 增加一次引用次数;release 减少一次引用次数;retaincount 获取当前对象的引用次数。

MRC 的内存管理法则:谁创建,谁释放,最终的引用计数要平衡。如果最后引

用计数大于 0 则会泄露内存;如果引用计数等于 0 还对该对象进行操作,则会出现内存访问失败现象,所以 crash 尽量设置为 nil。

(4)将 main 函数的内容进行修改如下。

[1]#import <Foundation/Foundation.h>
[2]#import "People.h"
[3]int main(int argc, const char * argv[]) {
[4]People * peo = [[People alloc]init];
[5]peo.name = @"dashan";
[6]peo.age = 10;
[7]People * peoA = [[People alloc]init];
[8]peoA = [peo retain];
[9]NSLog(@"count:%lu",[peoA retainCount]);
[10]peo = nil;
[11]NSLog(@"count:%lu",[peo retainCount]);
[12]NSLog(@"count:%lu",[peoA retainCount]);
[13]return 0;
[14]}

运行结果如下。

2017-12-16 23:21:05.877 OC_MRCTEST[1989:153108]count:2
2017-12-16 23:21:05.877 OC_MRCTEST[1989:153108]count:0
2017-12-16 23:21:05.877 OC_MRCTEST[1989:153108]count:2

可以看到即使 peo 被设为 nil,且引用计数为 0,但是它没有释放掉之前引用的内存,所以 peoA 所引用的次数并没有减少。

(5)正确的做法如下。

[1]int main(int argc, const char * argv[]) {
[2]People * peo = [[People alloc]init];
[3]peo.name = @"dashan";
[4]peo.age = 10;
[5]People * peoA = [[People alloc]init];

[6]peoA = [peo retain];
[7]NSLog(@"count:%lu",[peoA retainCount]);
[8][peo release];
[9]peo = nil;
[10]NSLog(@"count:%lu",[peo retainCount]);
[11]NSLog(@"count:%lu",[peoA retainCount]);
[12]peoA = nil;
[13]NSLog(@"count:%lu",[peoA retainCount]);
[14]return 0;
[15]}

运行结果如下。

2017 - 12 - 16 23:24:37.751 OC_ MRCTEST [2030:154559]count:2
2017 - 12 - 16 23:24:37.753 OC_ MRCTEST [2030:154559]count:0
2017 - 12 - 16 23:24:37.753 OC_ MRCTEST [2030:154559]count:1
2017 - 12 - 16 23:24:37.753 OC_ MRCTEST [2030:154559]count:0

根据谁创建,谁释放的原则,从上面的例子可以看出,peo 引用了一次,就得负责释放它。

2.6　property 详解

property 属性会自动生成 getter/setter 方法。

"@property（nonatomic,copy）NSSring * name;"语句通过 property 生成的属性,系统会自动生成_name,用来区分 setter 方法的参数变量。如果既使用 property 生成属性,又同时手动生成 getter 和 setter 方法,系统会取消_name 的定义,这时候需要用"@synthesize name = _name;"来手动定义_name。

assign 代表在 setter 方法里面是直接赋值,不会拷贝或者保留,也不会引用计数。所以这种机制适用于基本数据类型以及结构体,或者不能直接拥有的类型,比如用协议制定的 delegate（避免循环引用）。

（1）自动生成 setter 和 getter 的内存管理方式。

[1]@property（nonatomic,assign）int age;

[2]setter:
[3] -(void)setAge:(int)age{
[4]_age = age;
[5]}
[6]getter:
[7] -(int)age{
[8]return age;
[9]}

(2)深拷贝(copy)和浅拷贝(retain)的区别。

①copy。建立一个相同的对象,拥有相同的值,新建的对象引用次数加1,原有的对象引用次数不变。如果原有对象销毁,对copy的属性没有影响。copy的属性被销毁,原有属性也不会受影响。

[1]@property (nonatomic,copy)NSSring *name;
[2] -(void)setName:(NSString *)name{
[3]if(_name! = name){
[4][_name release];
[5]_name = [name copy];
[6]}
[7]}

②retain。建立一个新对象,但这个指向还是原来的对象,使引用次数加1。

[1]@property (nonatomic,copy)NSSring *name;
[2] -(void)setName:(NSString *)name{
[3]if(name! = _name){
[4][name release];
[5]_name = [name retain];
[6]}
[7]}

③copy和retain的区别。copy为拷贝内容,引用次数永远为1。retain为拷贝地址,引用次数根据引用的次数增加。

例如:一个 NSString 对象,地址为 0×FF201,内容为@"stringTest",copy 到另外一个 NSString 之后,地址为 0×FB203,内容相同,但地址已经变化,新的对象 retain 为 1,旧的对象没有变化。retain 到另外一个 NSString 之后,地址相同(建立一个指针,指针拷贝),内容也相同,但是这个新对象的 retain 值加 1,并释放旧的对象。

(3)强引用(strong)和弱引用(weak)的区别。

①strong。有三个人牵着一条狗,如果三根狗链一直存在,且只要还有一根链子没断,狗就跑不了。如果三根狗链都断了,那么狗就可以跑了。在程序中则可理解为如果被 strong 所修饰的属性最后想被销毁,需要将所有引用的地方都要释放才行。

②weak。三个人同时看到一条狗,但是都没有牵着它,而由第四人牵着它,可以将三个人理解为 weak,牵着的人理解为 strong,如果牵着的人将链子释放,狗就会跑掉,那么看着的这三个人就没有了目标。如果对象被销毁,则没有引用目标,所以使用 UI Storyborad 时,控件是 weak 不是 strong,这是因为在 Storyborad 中,控件已经存在,外界使用它的时候只要引用它就行了。

strong 等同于 retain,assign 等同于 weak。assign 是指针赋值,不对引用计数操作,使用之后如果没有置为 nil,可能会产生野指针;而 weak 一旦不进行使用后,就永远不会使用,也就不会产生野指针,所以 weak 更安全。

表 2.2 为不同参数类别的比较分析。

表 2.2　不同参数类别对比

参数类别	参数	使用场景	说明
原子性	atomic	多线程	对属性加锁,多线程下线程安全
	nonatomic	单线程	对属性不加锁,多线程下不安全,但是速度快
读写属性	readwrite	需要读取和写入	生成 getter/sette 方法
	readonly	只需要读取	只生成 getter 方法
set 方法处理	assign	基本数据类型,结构体	assign 直接赋值
	weak	引用	弱引用:只引用目标的地址,如果目标被销毁,weak 修饰的对象将没有作用
	strong	基础数据类型和 C 数据类型	强引用:每引用一次,引用次数加 1,想销毁 strong 所修饰的对象,需要将所有引用该对象的实例销毁
	retain	对其他 NSObject 和拷贝指针	浅拷贝:复制原有对象地址给新对象,原有对象引用次数加 1,释放旧对象
	copy	NSString	深拷贝:新建一个新对象,复制原有对象内容到新对象当中,新对象引用次数加 1,释放旧对象

2.7 Block 详解

2.7.1 Block 定义及实现

Block 从英文角度翻译为"块",既然运用于代码,则称其为"代码块",其类似于函数指针。

函数指针:"void(＊fun)(int);"一个指向无返回值,一个参数的函数指针。

Block:"void(^block)(int);"一个没有返回值,一个参数的 Block。

从定义上来看,它们很相似,但是它们在功能上却差别很大。

(1)在 main 函数中进行实际操作如下。

①定义一个无参,无返回值的 Block。

[1]void(^block)();

②给这个 block 赋值。

[1]block = ^{
[2]NSLog(@"我是无参,无返回值的 block");
[3]};

③调用这个 block。

[1]block();

④运行结果如下。

2017 - 12 - 17 18:11:19.035 OC_Block[1136:71247]

我是无参,无返回值的 block

(2)有参数的情况下,Block 实现的方法如下。

①定义一个有参,无返回值的 Block。

[1]void(^block)(int);

②给这个block赋值。

[1]block = ^(int a){
[2]NSLog(@"参数a:%d",a);
[3]};

③调用这个block。

[1]block(3);

④运行结果如下。

2017 - 12 - 17 18:16:34. 228 OC_Block[1153:72714]参数a:3

(3)有返回值的情况如下。
①定义一个有参,有返回值的Block。

[1]int(^block)(int,int);

②给这个block赋值。

[1]block = ^(int a,int b){
[2]return a + b;
[3]};

③调用这个block。

[1]int result = block(3,4);
[2]NSLog(@"result:%d",result);

④运行结果如下。

2017 - 12 - 17 18:20:04.665 OC_Block[1165:73989]result:7

2.7.2 __block 关键字

__block 关键字的前面是两个下划线。
首先先实现一个简单 block,代码如下。

[1]void(^block_Test)();
[2]int a = 10;
[3]block_Test = ^{//block 语句可以访问外部成员变量
[4]NSLog(@"a:%d",a);
[5]};
[6]block_Test();

运行结果如下。

2017 - 12 - 17 18:24:18.606 OC_Block[1175:75115]a:10

上面的代码,从逻辑上没有问题,既然 block 可以访问外部成员变量,即在调用 block 前,如果 a 的值发生改变,那么 block 的结果也可能会变化,试验如下。

[1]void(^block_Test)();
[2]int a = 10;
[3]block_Test = ^{//block 语句可以访问外部变量
[4]NSLog(@"a:%d",a);
[5]};
[6]a = 80;
[7]block_Test();

运行结果如下。

2017 - 12 - 17 18:28:27.302 OC_Block[1187:76358]a:10

从结果可以看出并没有改变,这是因为在正常的情况下,block 接收外部变量只是接收了值,并没有接收地址,即 block 里面的那个 a,跟外面的变量 a 没有关系,里面的 a 成为 block 的局部变量。

  __block 关键字可以解决这样的问题,被__block 修饰的变量,在 block 中使用时,传递的不是值,而是地址,如果变量在 block 内部被修改,那么在外部,同样也会被修改,试验代码如下。

```
[1]void(^block_Test)();
[2]__block int a = 10;
[3]block_Test = ^{//block 语句可以访问外部变量
[4]NSLog(@"a:%d",a);
[5]};
[6]a = 80;
[7]block_Test();
```

运行结果如下。

2017 - 12 - 17 18:33:21. 500 OC_Block[1199:77562]a:80

  根据结果可以看到,block 内部 a 的值,随着外部变量 a 在变化。block 可以作为方法,也可以作为类和类之间通信的好帮手。存在两个类 Boss 和 Staff,设想老板叫员工做些事,可以理解为类和类之间的通信。
  (1)创建一个 Staff 类。

```
[1]@interface Staff:NSObject
[2]#pragma mark//方法定义
[3]#pragma mark//等待 Boss 的指令去工作
[4]-(void)toWork:(void(^)(NSString *))block;
[5]@end
```

```
[1]#import "Staff.h"
[2]@implementation Staff
[3]-(void)toWork:(void (^)(NSString *))block
[4]{
[5]//如果从 Boss 传过来的 block 不为空
[6]if(block){
```

[7]//发送消息给 boss

[8]block(@"我去工作了");

[9]}

[10]}

[11]@ end

(2)创建一个 Boss 类。

[1]#import <Foundation/Foundation.h>

[2]#import "Staff.h"

[3]@ interface Boss：NSObject

[4]#pragma mark//属性定义

[5]#pragma mark 员工

[6]@ property (nonatomic,strong)Staff * staff;

[7]#pragma mark//员工消息

[8]@ property (nonatomic,copy)NSString * staffMessage;

[9]#pragma mark//方法定义

[10]#pragma mark//获取员工的信息

[11] - (void)getStaffMessage;

[12]@ end

[1]#import "Boss.h"

[2]@ implementation Boss

[3] - (void)getStaffMessage

[4]{

[5]//让当前的员工去工作,并返回员工的回复

[6][self.staff toWork:^(NSString * message) {

[7]self.staffMessage = message;

[8]}];

[9]}

[10]@ end

(3)在 main 函数中进行测试如下。

```
[1]#import <Foundation/Foundation.h>
[2]#import "Boss.h"
[3]#import "Staff.h"
[4]int main(int argc, const char * argv[]){
[5]@autoreleasepool{
[6]Boss *boss = [[Boss alloc]init];
[7]Staff *staff = [[Staff alloc]init];
[8]boss.staff = staff;
[9][boss getStaffMessage];
[10]NSLog(@"从员工得到的反馈:%@",[boss staffMessage]);
[11]}
[12]return 0;
[13]}
```

运行结果如下。

2017-12-17 19:01:04.780 OC_Block[1310:89251]

从员工得到的反馈:我去工作了。

根据以上逻辑,首先发送指令让员工去工作,但在发送指令、书写 block 语句同时,已经把要传回来时做的事情先写好了,但没有执行,即当 staff 调用 toWork 方法的时候,"self.staffMessage = message;"并没有执行,而是先将 block 传回给 Staff 类 toWrok 方法,判断 block 是否为空,不为空的话,执行 block,并传值回来,传回来之后,Boss 类通过 staff 调用 toWork 方法,然后"self.staffMessage = message;"才正式开始执行。

Block 的定义、实现和传值如上所述,可以得出当调用 toWork 方法的时候,Staff 类的 toWork 方法里面的 block 就会立刻执行,而在很多时候,需要等待一会儿才执行,所以需要进行改进,达到 block 随时调用的目的。

a)将 Staff 修改如下。

```
[1]#import <Foundation/Foundation.h>
[2]typedef void(^workBlock)(NSString *);
[3]@interface Staff:NSObject
[4]@property(nonatomic,weak)workBlock _workblock;
```

[5]#pragma mark//方法定义

[6]#pragma mark//等待 Boss 的指令去工作

[7] -(void)toWork:(workBlock)block;

[8]#pragma mark//回复信息

[9] -(void)replyMessage:(NSString *)message;

[10]@end

[1]#import "Staff.h"

[2]@implementation Staff

[3] -(void)toWork:(void (^)(NSString *))block

[4]{

[5]__workblock = block;

[6]}

[7] -(void)replyMessage:(NSString *)message

[8]{

[9]//让 block 延迟到当前执行

[10]__workblock(message);

[11]}

[12]@end

b)修改 Boss 的.m 文件如下。

[1]#import "Boss.h"

[2]@implementation Boss

[3] -(void)getStaffMessage

[4]{

[5]//让当前的员工去工作,并返回员工的回复

[6][self.staff toWork:^(NSString *message){

[7]self.staffMessage = message;

[8]}];

[9]//让 block 延迟返回信息

[10][self.staff replyMessage:@"我去工作了"];

[11]}

[12]@end

3 iOS 基础界面编程

从本章开始正式开始接触 iPhone 应用程序的开发。首先要了解 iPhone 应用程序的生命周期和其界面分布情况。UIApplication 和 UIView 相关知识是 iPhone 应用程序开发的基础,本章内容可帮助打好基础,便于后期进一步功能扩展。

3.1 UIWindow 与 UIView

在 iOS 平台上运行的应用程序,都有一个 UIApplication 类的对象,UIApplication 类继承于 UIResponder 类,它是 iOS 应用程序的起点,负责初始化和显示 UIWindow,它还接受事件,通过委托 UIApplicationDelegate 来处理,此外还有一个重要的功能就是帮助管理应用程序的生命周期。

UIKit 框架是应用程序的基础,它通过 main 函数和 UIApplicationMain 函数进行对用户界面的管理、事件的管理和应用程序整体运行的管理。当进入应用程序后,main 函数和 UIApplicationMain 函数相继执行,然后通过初始化窗口信息来载入应用程序的主窗口,接着会处理相应的响应事件。从应用程序的生命周期中可以看到应用程序有多种状态,而在开发应用程序中,程序在前台和后台的状态是不一样的,所以需要对不同状态的应用程序做出相应的操作,这样才能达到节省内存空间、节省电池电量和提升用户体验的目的。表 3.1 列出了 iOS 应用程序的状态信息。

表 3.1 应用程序状态表

状态名称	说明
Not running(未运行)	程序没有启动
Inactive(未激活)	程序在前台运行,但没有接收到事件
Active(激活)	程序在前台运行,而且接收到事件
Background(后台)	程序在后台能执行代码
Suspended(挂起)	程序在后台不能执行代码

UIApplication 的一个主要任务就是处理用户事件,其会创建一个队列,将所有用户事件都放入队列中,在处理过程中,会发送当前事件到一个合适处理事件的空间。换句话说,UIApplication 类并不具体实现某项功能,只负责监听事件,当需要实际完成工作时,就将工作分配给 UIApplicationDelegate 去完成。而在 UIApplicationDelegate 中定义了许多协议需要实现,这些协议中提前定义好的方法就是 UIApplication 对象监听到系统变化时,通知 UIApplication 对象处理类执行的相应方法。

可以通过一个应用程序的运行来查看执行过程。在 Xcode 中新建项目时,可以使用 Single View Application 模板。在 file 菜单中选择 new file 选项,然后选择 Single View Application 模板,代码如下。

[1]#import "AppDelegate.h"
[2]@ interface AppDelegate ( )
[3]@ end
[4]@ implementation AppDelegate
[5] – (BOOL) Application:(UIApplication *) Application didFinishLaunching
[6]WithOptions:(NSDictionary *) launchOptions
[7]{//创建窗口
[8]self.window = [[UIWindow alloc] initWithFrame:[[UIScreen mainScreen]
[9]bounds]];
[10]self.window.backgroundColor = [UIColor cyanColor];
[11][self.window makeKeyAndVisible];
[12]return YES;
[13]}
[14] – (void) ApplicationWillResignActive:(UIApplication *) Application
[15]{
[16]NSLog(@ "应用程序正处于非活动状态!");
[17]}
[18] – (void) ApplicationDidEnterBackground:(UIApplication *) Application{
[19]NSLog(@ "应用程序已经在后台!");
[20]}
[21] – (void) ApplicationWillEnterForeground:(UIApplication *) Application{
[22]NSLog(@ "应用程序正处前台!");
[23]}

[24] -(void)ApplicationDidBecomeActive:(UIApplication *)Application {
[25] NSLog(@"应用程序正处于活动状态!");
[26] }
[27] -(void)ApplicationWillTerminate:(UIApplication *)Application {
[28] NSLog(@"应用将被终止!");
[29] }
[30] @end

当运行该应用程序时,会执行 ApplicationDidBecomeActive 这个方法,然后在控制台上将打印"应用程序正处于活动状态!"。接下来按 Home 键,将应用程序放到后台,会执行 ApplicationDidEnterBackground 和 ApplicationViewResignActive 方法,因为程序在后台,也就意味着它是处于非活动状态,在控制台上也会相应地输出"应用程序正处于非活动状态!""应用程序已经在后台!"。

在 iOS 4.0 之后,用户按 Home 键后,并不是执行 ApplicationViewTerminate 这个方法,而是 ApplicationDidEnterBackground 方法被执行,并且在程序处理完 ApplicationDidEnterBackground 之后,会有 5s 的时间来保存数据信息。

3.1.1 窗口和视图

Mac OS 可支持多窗口任务,但是在 iOS 应用程序中,一般只支持一个窗口,表示为一个 UIWindow 类,iOS 是弹窗口多视图的系统。UIWindow 类是一个应用程序最为基础的一个类,这就像一张画布,UIWindow 就是最底层的画布,需要做的就是往窗口中加入各种视图来不断完善绘画作品。UIWindow 实质上也是一个视图,因为其父类是一个 UIWiew。在创建一个应用程序时,系统会自动创建一个 UIWindow,代码如下。

[1] -(BOOL)Application:(UIApplication *)Application didFinishLaunching
[2] WithOptions:(NSDictionary *)launchOptions
[3] {
[4] self.window = [[[UIWindow alloc] initWithFrame:[[UIScreen
[5] main Screen] bounds]] autorelease];
[6] self.window.backgroundColor = [UIColor cyanColor];
[7] [self.window makeKeyAndVisible];
[8] return YES;
[9] }

在应用程序载入时，系统就创建了一个UIWindow作为基本的窗口，并设置了其尺寸为物理设备的尺寸，通过"[[UIScreen mainScreen]bounds]"这条语句能获得不同设备当前的屏幕尺寸，可以通用于多种设备之间，最后让窗口显示在屏幕上。可以不考虑对窗口的操作，因为一般的操作都建立在视图上，但需要了解窗口和视图之间的框架结构关系。

视图是UIView类的实例，它负责在屏幕上绘制一个矩形区域。视图的作用主要体现在用户界面的显示以及相应用户界面交互上。UIView有父视图（superview）和子视图（subview）属性，而通过定义这两个属性，可以建立视图之间的层次关系，并且这两个属性还关系到视图坐标的确定，这部分内容会在后面的章节中详细介绍。在学习如何创建UIView视图之前，需要了解几个基本的概念。

有三个与视图相关的结构体：CGPoint{x,y}代表所在视图的坐标信息；CGSize{width,height}代表所在视图的大小信息；CGRect{origin,size}代表所在视图的坐标(视图左上角的点)信息和大小信息。

还有三个与之相对应的函数：CGPointMake(x,y)声明位置信息；CGSizeMake(width,height)声明大小信息；CGRectMake(x,y,width,height)声明位置和大小信息。

下面在窗口中创建一个视图并定义相关属性，代码如下。

[1] –(BOOL)Application：(UIApplication *)Application didFinishLaunching
[2]WithOptions：(NSDictionary *)launchOptions
[3]{
[4]//创建窗口
[5]self. window = [[[UIWindow alloc] initWithFrame：[[UIScreen main
[6]Screen] bounds]] autorelease];
[7]self. window. backgroundColor = [UIColor cyanColor];
[8]//创建视图
[9]UIView *baseView = [[UIView alloc]initWithFrame：CGRectMake
[10](10,50,300,400)];
[11]baseView. backgroundColor = [UIColor blackColor];
[12][self. window addSubview：baseView];
[13][baseView release];
[14][self. window makeKeyAndVisible];
[15]return YES;
[16]}

在程序载入方法中创建一个视图,系统自动创建的一个 window 的大小与物理设备屏幕的大小是相同的,而创建的视图的大小可以由开发者自定义。例如在上面的程序中,就自定义了视图的大小,并设置背景颜色与窗口的背景颜色不同。

在创建视图后,如果要将此视图显示在 window 之上,则要通过 window 将视图添加为子视图,这样才能将视图显示在窗口上。

3.1.2 iOS 坐标系统

在使用 UIView 时,视图的坐标位置是一个很重要的信息,iOS 中描述视图坐标位置的属性有 3 个,分别是 Frame,Bounds,Center。

Frame 属性用来描述当前视图在父视图中的坐标位置和大小;Bounds 属性用来描述当前视图在其自身坐标系中的位置和大小;Center 属性用来描述当前视图的中心点在其父视图中的位置。虽然 Frame 属性和 Bounds 属性都是用来描述视图的大小(CGSize)和位置(CGPoint)的,但是它们各自描述的视图不同,换句话说,两者所在的坐标系是不同的。这些坐标属性的用法相当重要,对以后应用程序 UI 界面的设计起到关键性的作用,除此之外,还要学会通过坐标将所要的控件准确地移动到所需要的位置。下面通过一个程序来研究 Frame 属性和 Bounds 属性。

[1] @ implementation AppDelegate
[2] -(BOOL) Application:(UIApplication *)Application didFinishLaunching
[3] WithOptions:(NSDictionary *)launchOptions {
[4] self.window = [[UIWindow alloc] initWithFrame:[[UIScreen mainScreen]
[5] bounds]];
[6] self.window.backgroundColor = [UIColor whiteColor];
[7] UIView *view1 = [[UIView alloc]init];
[8] view1.frame = CGRectMake(0, 0, 320, 570);
[9] view1.backgroundColor = [UIColor yellowColor];
[10] [self.window addSubview:view1];
[11] [view1 release];
[12] UIView *view2 = [[UIView alloc]initWithFrame:CGRectMake
[13] (100,100,120,200)];
[14] view2.backgroundColor = [UIColor cyanColor];
[15] [view1 addSubview:view2];
[16] [view2 release];
[17] NSLog(@"view2.frame.origin.x = %.lf",view2.frame.origin.x);

[18]NSLog(@"view2.frame.origin.y = %.lf",view2.frame.origin.y);
[19]NSLog(@"view2.bounds.origin.x = %.lf",view2.bounds.origin.x);
[20]NSLog(@"view2.bounds.origin.y = %.lf",view2.bounds.origin.y);
[21]UIView *view3 = [[UIView alloc]initWithFrame:CGRectMake
[22](50,50,100,100)];
[23]view3.backgroundColor = [UIColor blackColor];
[24][view1 addSubview:view3];
[25][view1 bringSubviewToFront:view2];
[26][view3 release];
[27]NSLog(@"view3.frame.origin.x = %.lf",view3.frame.origin.x);
[28]NSLog(@"view3.frame.origin.y = %.lf",view3.frame.origin.y);
[29]NSLog(@"view3.bounds.origin.x = %.lf",view3.bounds.origin.x);
[30]NSLog(@"view3.bounds.origin.y = %.lf",view3.bounds.origin.y);
[31][self.window makeKeyAndVisible];
[32]return YES;
[33]}

在这个程序中,定义了3个视图。View1 的大小与 iPhone 4 的大小相同,即 320×480,View2 是 View1 的子视图,而 View3 则是 View2 的子视图。如前所述不同的视图层次关系会影响到视图的坐标位置,Frame 属性是以父视图的位置为坐标基准,可以看到 View2 的 Frame 属性值是在父视图坐标的(100,100)处,视图左上角的坐标点是(100,100),而 Bounds 属性值是本视图坐标系的原点,即(0,0)。所以 Bounds 值都为本视图的原点坐标,都是(0,0)(也可以通过 setbounds 值来改变坐标的原点)。这里需要注意内存管理的问题,在将 View2 添加到 View1 父视图之后,就可以对 View2 进行内存释放。

View3 的 Frame 值是(0,0),但是它并不位于屏幕的左上角,而是处于父视图坐标原点的位置,如果改变 View3 的父视图,那么其位置就会改变。例如将 View3 的父视图设置为 View2,将[View1 addsubview:View3]代码改为[View2 addsubview: View3],坐标信息不变。虽然坐标的信息没有改变,但是因为父视图的改变,View3 在屏幕中的位置也出现了变化,读者可以自行分析变化的情况。

通常在设置视图的坐标位置时,使用的是 Frame 属性,Bounds 属性一般运用得较少,通过 Frame 属性操作,可以很清楚地体现视图之间的层次关系。

3.1.3 视图的层次关系及常用属性

把 UIView 层次结构看成数据结构中的树型结构,一个视图可以有多个子视图,但是只能有一个父视图(基视图)。在添加子视图时,最后添加的视图会显示在最顶层,其类似于绘图工具中的图层概念。下面将介绍如何对某个视图进行操作以及如何改变层次之间的关系。

(1)添加和移除子视图。添加和移除子视图是最常使用的操作,在添加子视图时,会进行一次 retain 操作,而移除子视图则会调用 release 操作,这些是自动完成的,只需了解各个时刻的引用计数即可。

前面提到添加子视图的操作就是"[UIView addsubview:subview];",这里不再赘述。下面在上节程序清单的基础上将 view3 从父视图中删除,再查看引用计数的情况,代码如下。

```
[1]UIView * view3 = [[UIView alloc]initWithFrame:CGRectMake
[2](0, 0, 100, 100)];
[3]view3.backgroundColor = [UIColor blackColor];
[4][view1 addSubview:view3];
[5]NSLog(@"view3.frame.origin.x = %.lf",view3.frame.origin.x);
[6]NSLog(@"view3.frame.origin.y = %.lf",view3.frame.origin.y);
[7]NSLog(@"view3.bounds.origin.x = %.lf",view3.bounds.origin.x);
[8]NSLog(@"view3.bounds.origin.y = %.lf",view3.bounds.origin.y);
[9]//retainCount = 2
[10]NSLog(@"retainCount = %d",[view3 retainCount]);
[11][view3 removeFromSuperview];
[12]//retainCount = 1
[13]NSLog(@"retainCount = %d",[view3 retainCount]);
[14][view1 release];
[15][view2 release];
[16][view3 release];
[17][self.window makeKeyAndVisible];
[18]return YES;
```

运行时屏幕中的视图只有 view1 和 view2,view3 已经从父视图中移除。同时也可以看到引用计数在移除前后的情况,但要注意管理内存方面的问题。

(2)前移和后移视图。如果想让 view2 显示在 view3 上面,则可以使用"[UIView bringSubviewToFront:subview];"命令将特定视图移到顶层。在父视图管理子视图过程中是通过一个有序的数组存储其子视图,因此数组存储的顺序会影响到子视图的显示效果。现将特定的子视图向前移动,所以它能够显示在上一层,代码如下。

[1]UIView *view3 = [[UIView alloc]initWithFrame:CGRectMake
[2](50, 50, 100, 100)];
[3]view3.backgroundColor = [UIColor blackColor];
[4][view1 addSubview:view3];
[5]NSLog(@"view3.frame.origin.x = %.1f",view3.frame.origin.x);
[6]NSLog(@"view3.frame.origin.y = %.1f",view3.frame.origin.y);
[7]NSLog(@"view3.bounds.origin.x = %.1f",view3.bounds.origin.x);
[8]NSLog(@"view3.bounds.origin.y = %.1f",view3.bounds.origin.y);
[9][view1 bringSubviewToFront:view2];
[10][view1 release];
[11][view2 release];
[12][view3 release];
[13][self.window makeKeyAndVisible];
[14]return YES;

将 view2 向前移动一层,现在其显示在 view3 的上面,可以通过图 3.1 来查看最后的效果。

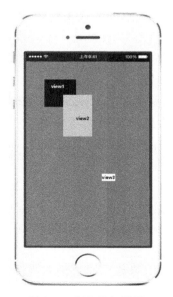

图 3.1　程序运行结果

同样的道理,如果将视图向后移动一层,则可以使用"sendSubviewToBack"命令,读者可以自行测试,比较简单。

(3)获取视图的 index 值。对多个视图进行操作,首先要获取各个视图的 index 值,可以通过以下代码来实现:

"NSInteger index = [[UIView subviews]indexOfObject:Subview];"

该语句用于获取指定视图的 index 值。例如要获取 view3 的 inedx 值,可以在代码中添加如下代码。

[1]UIView *view3 = [[UIView alloc]initWithFrame:CGRectMake
[2](50, 50, 100, 100)];
[3]view3.backgroundColor = [UIColor blackColor];
[4][view1 addSubview:view3];
[5]NSInteger index3 = [[view1 subviews]indexOfObject:view3];
[6]NSLog(@"index3 = %d",index3);
[7][view1 release];
[8][view2 release];
[9][view3 release];
[10][self.window makeKeyAndVisible];
[11]return YES;

父视图管理子视图是通过数组的形式来管理,而 view3 在父视图管理数组的第二个位置,所以它的 index 值为 1(数组第一个元素从 0 开始)。通过这个 index 值可以对视图进行更多的操作,例如将新视图添加到特定的视图上,可以通过以下命令将新视图添加到特定的视图上:

"[View insertSubview:subview atIndex:0];"

(4)获取所有子视图信息。父视图可以通过"[View1 subviews];"命令将 view1 中子视图的信息以数组的形式在控制台输出,view1 的子视图信息在控制台输出结果如下。

"< UIView:0x751c350; frame = (100 100; 120 200); layer = < CALayer:0x751a8d0 > >"

"< UIView:0x751a990; frame = (50 50; 100 100); layer = < CALayer:0x751a9f0 > >"

(5)设置 tag 值对视图进行操作。通过设置视图的 tag 值可以标记视图对象(整数),有了它就能使用 viewWithTag 方法更方便地对视图进行操作。tag 的默认值是 0,可以通过 view. tag 来设置。接下来的例子中,使用 tag 属性标记视图,然后通过按钮来改变视图的层次关系和颜色。视图之间的层次关系如图 3.2 所示。

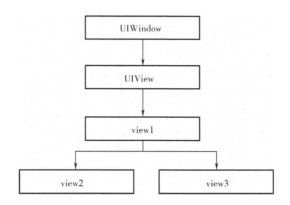

图 3.2　视图之间的层次关系

代码如下。

[1]#import " AppDelegate. h"
[2]@ implementation AppDelegate
[3] - (BOOL) Application:(UIApplication *) Application didFinishLaunching
[4]WithOptions:(NSDictionary *)launchOptions
[5]{
[6]self. window = [[[UIWindow alloc] initWithFrame:[[UIScreen main
[7]Screen] bounds]]autorelease];
[8]self. window. backgroundColor = [UIColor whiteColor];
[9]//创建 view1 视图
[10]UIView * view1 = [[UIView alloc]initWithFrame:CGRectMake
[11](100, 100, 120, 160)];
[12]view1. tag = 1;
[13]view1. backgroundColor = [UIColor yellowColor];
[14][self. window addSubview:view1];
[15]//创建 view2 视图
[16]UIView * view2 = [[UIView alloc]initWithFrame:CGRectMake
[17](110, 150, 100, 50)];
[18]view2. tag = 2;
[19]view2. backgroundColor = [UIColor blueColor];

[20][self.window addSubview:view2];
[21]//创建改变视图层次按钮1
[22]UIButton *button1 = [UIButton buttonWithType:UIButtonType
[23]RoundedRect];
[24]button1.frame = CGRectMake(120, 270, 100, 30);
[25]button1.backgroundColor   = [UIColor whiteColor];
[26][button1 setTitle:@"view1 top" forState:UIControlStateNormal];
[27][button1 addTarget:self action:@selector(ViewChange1)
[28]forControlEvents:UIControlEventTouchUpInside];
[29][self.window addSubview:button1];
[30]//创建改变视图层次按钮2
[31]UIButton *button2 = [UIButton buttonWithType:UIButtonTypeRounded
[32]Rect];
[33]button2.frame = CGRectMake(120, 320, 100, 30);
[34]button2.backgroundColor   = [UIColor whiteColor];
[35][button2 setTitle:@"view2 top" forState:UIControlStateNormal];
[36][button2 addTarget:self action:@selector(ViewChange2)
[37]forControlEvents:UIControlEventTouchUpInside];
[38][self.window addSubview:button2];
[39]//创建改变颜色按钮
[40]UIButton *button3 = [UIButton buttonWithType:UIButtonTypeRoundedRect];
[41]button3.frame = CGRectMake(120, 370, 100, 30);
[42]button3.backgroundColor   = [UIColor whiteColor];
[43][button3 setTitle:@"change color" forState:UIControlStateNormal];
[44][button3 addTarget:self action:@selector(ViewChange3)
[45]forControlEvents:UIControlEventTouchUpInside];
[46][self.window addSubview:button3];
[47][view1 release];
[48][view2 release];
[49][self.window makeKeyAndVisible];
[50]return YES;
[51]UIView *view = [self.window viewWithTag:1];
[52]-(void)ViewChange1
[53]{

```
[54] UIView * view = [self.window viewWithTag:1];
[55] [self.window bringSubviewToFront:view];
[56] }
[57] -(void)ViewChange2
[58] {
[59] UIView * view = [self.window viewWithTag:2];
[60] [self.window bringSubviewToFront:view];
[61] }
[62] -(void)ViewChange3
[63] {
[64] UIView * view = [self.window viewWithTag:2];
[65] view.backgroundColor = [UIColor greenColor];
[66] }
```

程序中定义了两个 Window 的子视图，三个按钮的功能分别为：使 view1 处于上层，使 view2 处于上层，使 view2 的颜色改变。这些都是通过使用 tag 属性来获取当前的视图，通过这个例子也可以发现使用 tag 属性的优点。关于按钮控件的知识在后面的章节中会详细介绍。

在 Window 窗口视图上有 5 个子视图，UIButton 类也是集成自 UIView 类，可以通过"[View subviews]"命令来查看所有子类信息的情况。因为这 5 个视图都加在窗口上，是 window 的子类，所以在定义它们的 Frame 时，要注意坐标应以父类的坐标系为基础。

接下来介绍几个常用 UIView 的属性。

第一，clipsTobounds 属性。通过设置 clipsTobounds 属性可以将子视图超出父视图的范围隐藏起来，它的默认值是 NO。例如有两个视图，view2 是 view1 的子视图，在定义 view2 的大小和坐标时，使它的坐标不全在 view1 的范围内，则会有很大的区域超出了 view1 的范围，如果要隐藏这些超出的范围，可以使用"view1.clipsTobounds = YES；"语句来隐藏超出区域。

第二，alpha 属性。alpha 属性在日常各种工具中运用得很广泛，它用来设置视图的透明度，可以在初始化视图时，对 alpha 属性进行设置，也可以通过点语法设置 alpha 属性。但是要注意一个问题，如果设置父视图的 alpha 为 0.5，那么在父视图中，所有的子视图也将变为有透明度的。所以，如果要对视图设置 alpha 值，要注意这个特性。在后面章节中实现动画效果时，也可以通过设置 alpha 值，来实现若隐若现的效果。

第三,hidden 属性。hidden 属性从字面上看,可以理解为是用来隐藏视图的。设置 hidden 属性可以将视图隐藏起来。与 alpha 属性类似,如果设置父视图的 hidden 属性为 YES,则所有的子视图也将变为隐藏。

3.1.4 UIView 中的 Layer 属性

在前面章节中,了解到 UIView 是 iPhone 编程中一个很重要的概念,其可完成视图界面的相关工作,能在视图上进行各种可视化操作,达到用户所需要的效果。在 UIView 中还有一个很重要的属性,那就是 Layer 属性。每个视图都有一个 Layer 属性,也可以在基础的层(Layer)上面手动添加层。在 3.1.3 节中,在显示视图所有子视图的时候,可以在视图中看到 Layer,这说明 Layer 是视图中另一个重要的概念。

UIView 完成了可视化界面的绘制工作,这一说法是不准确的,因为真正绘图的部分是由 CALayer 类来完成的,可以说 UIView 的功能是 CALayer 的管理容器。在 UIView 中,访问与绘图坐标有关的属性时,其实是访问它管理的 CALayer 的相关属性。Layer 属性返回 CALayer 的实例,CA 的含义是 CoreAinmation,CALayer 主要用于实现 iPhone 编程中相关的动画效果。

在使用 Layer 属性之前,需要将 QuartzCore.Framework 框架引入项目中。如果不引入,就无法使用 Layer 的相关属性。首先选择当前的项目,然后在选项卡中选择"Build Phases",随后选择"Link Binary With Libraries"选项,最后选择搜索相应的框架,单击"+"按钮进行添加。具体操作图如图 3.3 所示。

图 3.3　将 QuartzCore.Framework 框架引入项目中

可以通过点语法来设置 Layer 的基本属性,例如背景颜色、层的圆角程度等。圆角属性可以通过 self.view.layer.cornerRadius 属性来设置。Layer 属性和 UIView 视图的用法是很相似的,都是类似树形的结构,多个 Layer 之间也存在父层和子层的概念。下面创建一个视图,然后对视图的 Layer 属性进行操作。在 viewDidLoad 方法中添加如下代码,代码如下。

[1]//创建视图
[2]UIView *baseView = [[UIView alloc]initWithFrame:[UIScreenmain
[3]Screen].ApplicationFrame];
[4]baseView.backgroundColor = [UIColor blueColor];
[5][self.view addSubview:baseView];
[6]//设置视图的 Layer 属性
[7]baseView.layer.backgroundColor = [UIColor orangeColor].CGColor;
[8]baseView.layer.cornerRadius = 20.0f;
[9]//创建子 Layer 层
[10]CALayer *Mylayer = [CALayer layer];
[11]Mylayer.frame = CGRectMake(50, 100, 200, 100);
[12]Mylayer.backgroundColor = [UIColor redColor].CGColor;
[13]Mylayer.cornerRadius = 10.0f;
[14][baseView.layer addSublayer:Mylayer];

设置 Layer 层背景颜色时,[UIColor redColor]要使用 CGColor 属性的原因是在对 Layer 层进行操作时,需要用到 CGColor 类,如果将 CGColor 去掉时,系统就会报错。CGColor 主要用于 CoreGraphics 框架之中,CGColor 是一个结构体,通常在使用 CGColor 时是使用它的引用类型 CGColorRef。

利用 cornerRadius 属性将层的 4 个角设置成圆角,然后在视图的层上面添加一个子层。这一点和 UIView 类似,除此之外两者都拥有树形结构,都能显示绘制的内容。但是两者还有一个很重要的不同之处,就是 UIView 可以响应用户事件,而 CALayer 则不能。UIView 主要用于对显示内容的管理,而 CALayer 则侧重于对内容的绘制。

还可以为子层添加阴影效果,用户可以自行设置阴影的偏移量、颜色、半径等属性,在上述代码的基础上为子层设置阴影效果,代码如下。

[1]//创建子 Layer 层

［2］CALayer ＊Mylayer ＝ ［CALayer layer］；
［3］Mylayer.frame ＝ CGRectMake(50,100,200,100)；
［4］Mylayer.backgroundColor ＝ ［UIColor redColor］.CGColor；
［5］Mylayer.cornerRadius ＝ 10.0f；
［6］Mylayer.shadowOffset ＝ CGSizeMake(0,3)；//设置偏移量
［7］Mylayer.shadowRadius ＝ 5.0；//设置半径
［8］Mylayer.shadowColor ＝［UIColor blackColor］.CGColor；
［9］Mylayer.shadowOpacity ＝ 0.8；//设置阴影的不透明度
［10］［baseView.layer addSublayer：Mylayer］；

运行后可以看到阴影的效果。

此外，还可以在层上面添加图片，这些方法类似于绘图工具中图层的概念，即将所需要显示的内容以子层的形式加到父层中。接下来在子层上面添加一幅图片，可以自行定义图片的大小，也可以将图片的大小设置成与父层图片大小相同，代码如下。

［1］//添加图片层
［2］CALayer ＊imageLayer ＝［CALayer layer］；
［3］imageLayer.frame ＝ Mylayer.bounds；
［4］imageLayer.cornerRadius ＝10.0f；
［5］imageLayer.contents ＝ (id)［UIImage
［6］imageNamed：@ "Lawson.jpg"］.CGImage；
［7］imageLayer.masksToBounds ＝ YES；
［8］［Mylayer addSublayer：imageLayer］；

在 MyLayer 层上添加一个大小相同的图片层 imagelayer，同样设置它的圆角为 10.0，最后一个 masksToBounds 属性则是隐藏它的边界。

这里主要介绍 Layer 的一些基本属性和方法，但是它主要的功能是实现一些复杂的动画效果，这就要用到 CoreAnimation 相关的知识，通过这一节读者会对 Layer 属性的用法有一个更深的理解。

3.1.5 内容模式属性(contentMode)

内容模式属性(contentMode)用来设置视图的显示方式，如居中、向左对齐、缩放等，它是一个枚举类型的数据，里面有许多常量，可以通过 API 来进行查询。下面列出 ContentMode 中的几个常量，如下所示。

(1) UIViewContentModeScaleToFile。
(2) UIViewContentModeScaleAspectFit。
(3) UIViewContentModeScaleAspectFill。
(4) UIViewContentModeRedraw。
(5) UIViewContentModeCenter。
(6) UIViewContentModeTop。
(7) UIViewContentModeBotton。
(8) UIViewContentModeLeft。
(9) UIViewContentModeRight。
(10) UIViewContentModeTopLeft。
(11) UIViewContentModeTopRight。
(12) UIViewContentModeBottonLeft。
(13) UIViewContentModeBottonRight。

这些属性都是各种显示视图的方式，读者可以自行测试，在此不进行赘述。下面列出苹果公司官方给出的 ContentMode 属性的图示，如图 3.4 所示。如果要设置视图的 ContentMode 属性，则可以通过 view. ContentModel 来设置，选择属性时可以按住"command"键进入 API 接口中进行选择。

还要注意以上常量中不带 scale 的常量，当需要显示内容的尺寸超过当前视图的尺寸时，那么只会有部分内容显示在视图中。UIViewContentModeScaleToFile 属性则会通过拉伸内容来填满整个视图，但是这个属性会导致图片变形；UIViewContentModeScaleAspectFit 会根据原内容的比例填满整个视图，这也意味着视图中可能会有部分区域是空白的； UIViewContentModeScaleAspectFill 属性能够保证原内容的比例不变来填充整个视图，这样的话可能会导致只有部分的内容显示在视图中。

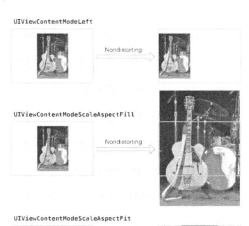

图 3.4 ContentMode 属性的图示

3.2 常用 UIView 控件的使用

在上节中学习了 UIView 的基本概念和用法。在此节中将介绍 UIView 子类的种类以及各种子类的含义、作用、用法,再针对常用的几种子类学习它们的属性和延伸特性等。UIView 的子类见表 3.2。

表 3.2 UIView 的子类

UIView			
UIWindow	UILabel	UIPickerView	UIProgressView
UIActivityIndicatorView	UIImageView	UITabBar	UIToolbar
UINavigationBar	UITableViewCell	UIActionSheet	UIAlertView
UIScrollView	UISearchBar	UIWebViw	UIControl

3.2.1 UILabel

从字面上可以看出,UILabel 类的功能就是提供对标签的显示和编辑,下面列出 UILabel 的几个重要的属性。

(1) @property(nonatomic,copy) NSString * text;指设置标签中文本内容,默认为 nil。

(2) @property(nonatomic,retain) UIFont * font;指设置标签中文本字体大小,默认为 nil(系统字体 17 号)。

(3) @property(nonatomic,retain) UIColor * textColor;指设置标签中文本颜色,默认 nil(黑色)。

(4) @property(nonatomic,retain) UIColor * shadowColor;指设置标签阴影颜色,默认为 nil(无阴影)。

(5) @property(nonatomic) CGSize shadowOffset;指设置标签阴影的偏移量,默认为 CGSizeMake(0,-1)——顶部阴影。

(6) @property(nonatomic) NSTextAlignment textAlignment;指设置标签中文本的对其方式,默认是左对齐(NSLeftTextAlignment)。

(7) @property(nonatomic) NSLineBreakMode lineBreakMode;指设置换行符模式,默认是 NSLineBreakByTruncatingTail(截去尾部未显示的部分),用在单行或多行文本中。

(8) @property(nonatomic,retain) UIColor * highlightedTextColor;指设置文本高亮颜色,默认为 nil。

(9)@ property(nonatomic, getter = isHighlighted) BOOL highlighted;指是否使用高亮,默认为 NO。

(10)@ property(nonatomic, getter = isUserInteractionEnabled) BOOL userInteractionEnabled;指是否使用用户交互,默认为 NO。

(11)@ property(nonatomic) NSInteger numberOfLines;指当使用了 sizeToFit 属性时,numberOfLines 属性决定标签中显示内容的行数,默认为 1,当选择 0 时,说明对行数没有限制,当文本内容超过行数的限制,它会使用换行符模式。

在创建项目时,选择 Single View Application 模板,在.m 文件中的 viewDidLoad 方法中创建一个 UILabel 实例,并设置文本的内容,代码如下。

```
[1] -(void)viewDidLoad{
[2] UILabel *myLabel = [[UILabel alloc]initWithFrame:CGRectMake
[3] (50,90,240,100)];
[4] myLabel.font = [UIFont systemFontOfSize:30];
[5] myLabel.text = @"欢迎来到 iOS 的世界";
[6] }
[7] [self.view addSubview:myLabel];
```

在创建 UIView 子类实例时,要将子类添加到相应的视图上,这样才能在相应的视图上显示,这一点是容易被忽略的。Font 属性用于设置字体的大小,Text 属性用于设置 Label 实例的文字内容。

这样就创建了一个简单的标签,如图 3.5 所示。

这样的标签比较单调,因此可以给标签添加颜色并设置它的阴影效果。在原有代码基础上进行改进如下。

```
[1] myLabel.text = @"欢迎来到 iOS 的世界";
[2] myLabel.backgroundColor = [UIColor blueColor];
[3] myLabel.textColor = [UIColor redColor];
[4] myLabel.shadowColor = [UIColor blackColor];
[5] myLabel.shadowOffset = CGSizeMake(2,5);
[6] [self.window addSubview:myLabel];
```

这里设置标签的背景颜色为蓝色,字体颜色为红色,阴影效果的颜色为黑色,偏移量坐标设置为(2,5),这个坐标代表了向 XY 正半轴的偏移量。设置属性之后

图 3.5　程序运行结果

的标签情况如图 3.6 所示。

　　文本的内容并没有完全显示,因为定义了标签的大小,如果文本的内容超出了标签定义的大小,系统会根据换行符模式(LineBreakMode)的状态来选择显示文本的方式。如前所述换行符模式的缺省值(默认)是 NSLineBreakByTruncatingTail,即将末尾超出标签的部分去掉,也可以改变模式来显示文本。

　　当出现编译错误时,只需要按"Command + Shift + K",或者选择 Xcode 中的"Product"菜单中的"Clean"选项,待出现 Clean Successful 消息后再次编译,如果没有错误即可通过编译。

　　如果想要完整地显示标签中文本的内容,则可以调用 sizeToFit 方法。它是一个返回值为空的方法,直接使用实例调用即可,这样就可以显示所有的文本信息,但是文本框的大小也会根据文本内容的多少而进行相应改变。所以当调用 sizeToFit 方法时,最好与 numberOfLines 属性同时使用,如果不使用 numberOfLines 属性,则默认的标签行数是 1 行。假设文本的内容较多时,则标签的长度可能变得很长,以至于超出了屏幕的范围,所以可以通过设置 numberOfLines 属性来增加标签的行数。使用 numberOfLines 和 sizeToFit 方法之后标签的实际效果如图 3.7 所示。

图 3.6 设置标签属性后的运行结果

图 3.7 使用 numberOfLines 和 sizeToFit 方法之后标签的效果

3.2.2 UIControl

UIControl 类是一个具有事件处理功能的控件,它包括的事件有三类:基于触摸、基于值、基于编辑。接下来要介绍 UIButton 和 UITextField,它们都是具有事件处理功能的控件。

(1) UIButton。在前面的章节中,已经接触过 UIButton,这一节中将详细讲解 UIButton 的用法。可以设置按钮的类型,系统为用户提供了多种 iOS 自带的系统按钮,见表3.3,在初始化对象时,可以选择自己需要的按钮,一般情况下定义为圆角按钮,用户亦可以自定义按钮,如改变按钮的背景颜色,为按钮添加图片等。选择一个按钮的形状之后,可以设置相应按钮的属性,下面在 Xcode 中创建一个普通的按钮,并设置其相关属性。

表3.3 Xcode 中的按钮

按钮类型	按钮形状
UIButtonTypeCustom	自定义
UIButtonTypeRoundedRect	button
UIButtonTypeDetailDisclosure	⊙
UIButtonTypeInfoLight	ⓘ
UIButtonTypeInfoDark	ⓘ
UIButtonTypeContactAdd	⊕

创建一个 Single View Application 项目模板,并在.m 文件中的 viewDidLoad 方法中创建一个 UIButton 实例,代码如下。

[1] - (void)viewDidLoad {
[2] [super viewDidLoad];
[3] button.frame = CGRectMake(90, 100, 100, 40);
[4] [button setTitle:@"button" forState:UIControlStateNormal];
[5] [button setTitleColor:[UIColor redColor] forState:UIControlStateNormal];
[6] [self.view addSubview:button];
[7] }

在代码中有一个 forState 属性，它代表了按钮的状态信息，而 iOS 中组件一般有以下 4 中状态。

①正常状态(UIControlStateNormal)：系统默认的状态即为正常状态。

②高亮状态(UIControlStateNormalHighlighted)：用户正在使用时组件的状态，如单击一个按钮时就是高亮状态。

③禁用状态(UIControlStateNormalDisabled)：在禁用状态下，用户不能对组件进行操作，要设置按钮的禁用状态，则需要把按钮的 Enable 属性设置为 NO。

④选中状态(UIControlStateNormalSelected)：选中状态和高亮状态比较类似，不同的是选中状态，不用单击该按钮，其会一直显示为高亮的效果。该状态一般用于指明组件被选中或被打开。

同时也可以改变不同状态时按钮中的字体，这样就保证了多种不同情况下对按钮的灵活使用。还可以为按钮添加图片，先要将图片素材文件导入到工程中，导入的方法前面已经介绍，注意勾选 Copy items into destination group's folder(if needed)选项，然后再设置按钮图片属性。

在设计 iPhone 应用时常常利用以下这种方式自定义按钮，以达到选择按钮后出现不同状态的效果。但是要注意的是，如果要实现多种状态按钮的切换效果，在开始创建 UIButton 实例时要把按钮的状态设置成自定义。

[button setImage:[UIImage imageNamed:@"heart.jpg"] forState:UIControlStateNormal];

创建和设置按钮属性的工作实现后就要实现按钮单击的效果，因为按钮也是一个具有事件处理功能的组件，而且在实际项目中的运用也非常广泛。

设置动作的两个主要的方法如下。

①添加动作方法：

-(void)addTarget:(id) action:(SEL)forControlEvents:(UIControlEvents);

②移除动作方法：

-(void)removeTarget:(id) action:(SEL)forControlEvents:(UIControlEvents);

方法中的各个参数的含义如下。

①(id)addTarget 是指制定的目标，一般都是自己 self。

②action:(SEL)是指选择要执行的方法，还需要用户实现它的功能。

③(SEL)forControlEvents:(UIControlEvents)是指消息处理时的事件，例如是单击按钮还是拖动等。

SDK 列出了所有可以用于事件处理的组件，用户可以在 UIControlEvents 上按住 Command 键，再单击查看 iOS SDK，这些事件能够帮助完成所有关于事件处理组件的设计。接下来实现一个简单的功能，首先有一个空白的 Label 标签，单击按钮之后会在标签中显示文字,并且按钮中的内容会显示"已显示信息",之后按钮就会处于禁用状态。

在 Xcode 中新建一个 Single View Application 项目模板,然后在 AppDelegate.h 中定义 UILabel 和 UIButton 两个实例,代码如下。

```
[1]@interfaceAppDelegate:UIResponder <UIApplicationDelegate>
[2]{
[3]UILabel *label;
[4]UIButton *button;
[5]}
```

在 AppDelegate.h 文件中完成对这两个实例的创建,代码如下。

```
[1]self.window = [[[UIWindow alloc] initWithFrame:[[UIScreen main
[2]Screen] bounds]] autorelease];
[3]//创建 UILabel 实例
[4]label = [[UILabel alloc]initWithFrame:CGRectMake(90, 70, 150, 30)];
[5]label.backgroundColor = [UIColor blackColor];
[6]label.font = [UIFont systemFontOfSize:30];
[7][self.window addSubview:label];
[8]//创建 UIButton 实例
[9]button = [UIButton buttonWithType:UIButtonTypeRoundedRect];
[10]button.frame = CGRectMake(90, 100, 150, 80);
[11][button setTitle:@"button" forState:UIControlStateNormal];
[12][button setTitleColor:[UIColor grayColor] forState:UIControlStateHighlighted];
[13][self.window addSubview:button];
[14]self.window.backgroundColor = [UIColor whiteColor];
[15][self.window makeKeyAndVisible];
[16]return YES;
```

建构并运行,在 iOS 模拟器中会出现如图 3.8 所示的结果。

完成界面组件设置之后,就可以实现按钮的功能。在 AppDelegate.m 文件中,为 Button 添加单击事件并实现,代码如下。

图3.8 程序运行结果

[1] button = [UIButton buttonWithType:UIButtonTypeRoundedRect];
[2] button.frame = CGRectMake(90, 100, 150, 80);
[3] [button setTitle:@"button" forState:UIControlStateNormal];
[4] [button setTitleColor:[UIColor grayColor] forState:UIControlStateHighlighted];
[5] [self.window addSubview:button];
[6] //添加按钮单击事件
[7] [button addTarget:self action:@selector(click) forControlEvents:UIControl
[8] EventTouchUpInside];
[9] self.window.backgroundColor = [UIColor whiteColor];
[10] [self.window makeKeyAndVisible];
[11] return YES;
[12] //实现按钮单击事件
[13] -(void)click
[14] {
[15] label.text = @"hello";

[16]label. textColor = [UIColor whiteColor];
[17]label. textAlignment = NSTextAlignmentCenter;
[18][button setTitle:@"已显示信息" forState:UIControlStateNormal];
[19]button. enabled = NO;
[20]}

完成实例的操作后,单击按钮的效果如图3.9所示。

图3.9 程序运行结果

还须管理所创建实例的内存,如果是在 ARC 机制下,则不需要手动释放内存。释放内存代码如下。

[1] -(void)dealloc
[2]{
[3][_window release];
[4][label release];
[5][super dealloc];
[6]}

（2）UITextField。UITextField 也是一个比较常用的类，它通常用于外部数据的输入，实现人机交互的效果。例如常用的系统用户登陆界面就是通过 UITextField 类将用户输入的数据传到服务器中实现的。

与 UILabel 类相似，文本框也能设置它的文本内容、字体颜色大小、占位符等，还能设置文本框的外框类型。UITextField 类中还有许多代理方法，可以帮助用户在文本框不同状态时进行相应的操作。

通过一个简单的用户登录界面，来学习 UITextField 常用的属性和方法。

①打开 Xcode 并新建一个 Single View Application 项目模板，在 ViewControl.h 文件中定义 4 个全局变量，分别是用户名标签、用户名文本框、密码标签、密码文本框，代码如下。

```
[1]#import <UIKit/UIKit.h>
[2]@interface ViewController：UIViewController
[3]{
[4]UILabel *username;
[5]UITextField *UserName;
[6]UILabel *userpsw;
[7]UITextField *UserPsw;
[8]}
[9]@end
```

②在 ViewControl.m 文件中分别创建 4 个实例，用于用户的登录。在 ViewDidLoad 方法中输入以下代码，构建并运行。

```
[1]//创建用户标签
[2]username = [[UILabel alloc]initWithFrame:CGRectMake
[3](40,80,100,20)];
[4]username.font = [UIFont fontWithName:@"OriyaSangamMN-Bold" size:
[5]18.0f];
[6]username.text = @"username";
[7][self.view addSubview:username];
[8]//创建用户文本框
[9]UserName = [[UITextField alloc]initWithFrame:CGRectMake
[10](150,70,150,40)];
```

[11]UserName. font = [UIFont fontWithName:@"OriyaSangamMN – Bold"
[12]size:18.0f];
[13][UserName setBorderStyle:UITextBorderStyleRoundedRect];
[14]UserName. clearButtonMode = UITextFieldViewModeAlways;
[15]UserName. returnKeyType = UIReturnKeyDone;
[16]UserName. placeholder = @"输入用户名";
[17][self. view addSubview:UserName];

运行效果如图 3.10 所示。

图 3.10　程序运行效果

接下来介绍 UITextField 中的一些属性和方法。

SetBorderStyle 属性用于设置文本框的外边框类型,它的默认值是无边框,但为了能够更好地显示,将属性设置为圆角类型(UITextBorderStyleRoundedRect);clearButtonMode 属性则用于设置清除按钮出现的时间,可以让它一直显示,也可以在输入中或者输入完成后显示,用户可以根据自己的喜好来设置;ReturnKeyType 属性用于设置确定按钮的类型。

文本中还可以设置字体,系统将所有的字体都封装在数组中,如果需要查看,则可以通过遍历数组的元素来查看。

在遍历数组中所有元素之前,先介绍一种快速枚举的特性。

可以用快速枚举方法在控制台中打印字体的信息,定义一个打印字体的方法(PrintfontName),并实现,代码如下。

[1] - (void)PrintfontName
[2] {
[3] for(NSString *familyName in [UIFont familyNames])
[4] {
[5] NSLog(@"familyName = %@", familyName);
[6] for(NSString *fontName in [UIFont fontNamesForFamilyName:familyName])
[7] {
[8] NSLog(@"\tfontName = %@", fontName);
[9] }
[10] }
[11] }

在载入窗口方法中调用显示字体的函数"[self PrintfontName];",这样在控制台中,就会打印出字体的信息,用户可以根据自己的喜好来选择字体。

接下来处理键盘事件,当单击文本框时,系统会自动弹出键盘供用户输入,也可以选择键盘的样式,普通键盘或数字键盘,当然用户还可以自定义键盘。而在用户结束输入之后,还要让键盘在屏幕上消失,继续下一步的操作。

因为输入用户的名称,所以选择普通的键盘。如果要输入数字或者电话号码,则可以通过 keyboardType 属性,分别选择对应的属性,本书会在密码输入文本框中介绍数字键盘的使用。若要在输入完成之后,让键盘消失,则需要运用到 UITextField 的代理方法,并将 TextField 的代理设置为 self。如果要使用代理的方法,首先还要在 ViewControl.h 文件的接口中,声明代理的名称,代码如下。添加代理完毕之后,在 AppDelegate.m 文件中实现用户输入完成的代理方法,这样就可以实现隐藏键盘的功能。

[1] #import <UIKit/UIKit.h>
[2] @interface ViewController:UIViewController<UITextFieldDelegate>
[3] - (BOOL)textFieldShouldReturn:(UITextField *)textField

[4]{
[5][textField resignFirstResponder];
[6]return YES;
[7]}

构建并运行,查看运行后的效果。当输入完成后,单击键盘中 done 按钮键盘就会隐藏,然后用户可以进行下一步的操作。

在设计完用户名输入框后,接下来就可以创建用户密码的标签和文本输入框。在设计密码文本框时要注意,由于内容的需要把密码设置为纯数字,一般的情况下都是用"字母+数字"的形式。此外输入密码时为了保证密码的安全,要把输入的字符用"*"代替,这里就要将 TextField 的 secureTextEntry 属性设置为 YES,这样显示密码时就会以"*"代替。在 viewController.m 文件中继续创建相关的实例,代码如下。

[1]//创建用户密码标签
[2]userpsw = [[UILabel alloc]initWithFrame:CGRectMake
[3](40, 150, 100, 20)];
[4]userpsw.font = [UIFont fontWithName:@"OriyaSangamMN - Bold" size:
[5]18.0f];
[6]userpsw.text = @"password";
[7][self.window addSubview:userpsw];
[8]//创建用户密码文本框
[9]UserPsw = [[UITextField alloc]initWithFrame:CGRectMake
[10](150, 140, 150, 40)];
[11]UserPsw.font = [UIFont fontWithName:@"OriyaSangamMN - Bold" size:
[12]18.0f];
[13][UserPsw setBorderStyle:UITextBorderStyleRoundedRect];
[14]UserPsw.clearButtonMode = UITextFieldViewModeAlways;
[15]UserPsw.keyboardType = UIKeyboardTypeNumberPad;
[16]UserPsw.placeholder = @"输入密码";
[17]UserPsw.secureTextEntry = YES;
[18]UserName.placeholder = @"输入密码";

最后构建并运行得到最后的效果,但仍存在问题。当输入完密码后键盘不能消失,就很难进行下一步的操作。在普通键盘中,可以使用代理方法单击 done 按钮隐藏键盘,但是数字键盘中并没有 done 或 return 按钮,解决的方法也有多种,这里选择添加一个手势,当单击非键盘区域时,隐藏键盘。

创建完实例之后,在 viewController.m 文件中,接着创建一个手势,并将手势添加到窗口上,代码如下。

[1]UITapGestureRecognizer * tapRecognizer = [[UITapGestureRecognizer alloc]
[2]initWithTarget:self action:@selector(handleBackgroundTap:)];

然后在方法中实现手势的功能,代码如下。

[1][self.view addGestureRecognizer:tapRecognizer];
[2]-(void)handleBackgroundTap:(UITapGestureRecognizer *)sender
[3]{
[4][UserPsw resignFirstResponder];
[5]}

这样就完成了一个简单的用户登录界面的设计,在以后介绍中会对本例进行更多功能的添加,使得这个界面的功能更加完善。

最终还要在 Dealloc 方法中释放实例的内存。

3.2.3 UISlider

UISlider 控件一般用于系统声音、亮度等设置,也可以设置播放音视频的进度。UISlider 控件的使用比较简单,在实际项目中,程序员一般不会用系统自定义的滑块,而是会根据项目自身的情景自定义设定与项目场景一致的滑块。通过一个例子来了解 UISlider 的基本属性和用法。

(1)新建一个 Single View Application 项目模板,然后定义 UISlider 和 UILabel 两个实例。要实现的效果就是,当滑动滑块时,标签里的数值会根据滑动的情况而显影地改变。在 viewController.h 文件中定义两个实例,代码如下。

[1]#import <UIKit/UIKit.h>
[2]@interface ViewController:UIViewController
[3]{
[4]UISlider * slider;

[5]UILabel *label;
[6]}
[7]@ end

（2）接着在 viewController.m 文件中创建实例。在先前的例子中，都是将自定义的一些实例放在 Application didFinishLaunchingWithOptions 方法中实现，但是这样不利于后期代码的维护工作，所以最好将自定义视图的创建放在 viewDidLoad 方法中，然后再载入应用中，通过[self viewDidLoad]调用自定义视图方法，代码如下。

[1] -(void)viewDidLoad
[2]{
[3]//创建 UISlider 实例
[4]slider = [[UISlider alloc]initWithFrame:CGRectMake(80, 50, 200, 20)];
[5][slider setMaximumValue:100];
[6][slider setMinimumValue:0];
[7]slider.value = 10;
[8][self.view addSubview:slider];
[9]//创建 UILabel 实例
[10]label = [[UILabel alloc]initWithFrame:CGRectMake(10, 50, 40, 20)];
[11][self.view addSubview:label];
[12]}

（3）通过以上两个步骤就完成一个实例的创建，其中 UISlider 最重要的属性是设置滑块的最大值、最小值和默认值，要完成滑动滑块，改变标签值的效果，还要添加一个动作，控制事件要设置为 UIControlEventValueChanged，代码如下。

[1] -(void)viewDidLoad
[2]{
[3]//创建 UISlider 实例
[4]slider = [[UISlider alloc]initWithFrame:CGRectMake(80, 50, 200, 20)];
[5][slider setMaximumValue:100];
[6][slider setMinimumValue:0];
[7]slider.value = 10;
[8][slider addTarget:self action:@selector(value)

[9]forControlEvents:UIControlEventValueChanged];
[10][self.view addSubview:slider];
[11]//创建 UILabel 实例
[12]label = [[UILabel alloc]initWithFrame:CGRectMake(10,50,40,20)];
[13][self.view addSubview:label];
[14]}

(4)接着实现传送值的方法,代码如下。

[1] -(void)value
[2]{
[3]int intValue = (int)(slider.value);
[4]NSString *stringValue = [[NSString alloc]initWithFormat:@"%d",
[5]intValue];
[6]label.text = stringValue;
[7][stringValue release];
[8]}

在 value 方法中将滑块的值传给标签,使值能够在标签中显示。在赋值的过程中,要注意 label 中文本的类型是 NSString,而滑块的数据类型是 float 类型,直接赋值会出现编译错误。所以定义一个 NSString 类型的数据,并用格式化的字符来初始化,这样就可以将 slider 的值传给标签。运行效果如图 3.11 所示。

以上介绍为系统 UISlider 的用法。用户还可以自定义各种美观的滑块,添加自己喜欢的图片作为滑块两边的背景。

3.2.4 UISegmentedControl 和 UIPageControl

(1)UISegmentedControl(分段控件)也是在实际项目中常用到的控件,它的主要功能是用于不同类型信息的选择和在不同屏幕间切换,下面在 xcode 中创建一个 UISegmentedControl 实例,从而介绍它的基本属性和基本使用方法。

①新建一个 Single View Application 项目模板,在 viewController.m 中创建实例。分段控件中每一个按钮的信息是通过一个数组来存储的,所以在创建分段控件实例之前,需要创建一个数组存储按钮的信息。分段控件的长度是有限的,定义数组时,元素的值最好不要超过 4 个。

创建 NSArray 数组的一般方法如下。

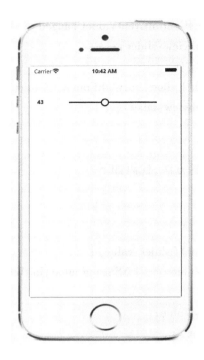

图 3.11　程序运行结果

[1]NSArray ＊items ＝ [[NSArray alloc]initWithObjects:@"first",
[2]@"second",@"third",nil];

在新版本 Xcode 中,提供了更简洁的初始化方法。

[1]NSArray ＊items ＝ @[@"新闻",@"视频",@"搜索"];

②接下来将数组的内容加到 UISegmentedControl 上,创建一个分段控件实例,并用数组的内容进行初始化。在 viewDidLoad 方法中添加以下代码。

[1] －(void)viewDidLoad
[2]{
[3]NSArray ＊items ＝ @[@"新闻",@"视频",@"搜索"];
[4]UISegmentedControl ＊segmented ＝ [[UISegmentedControl alloc]init
[5]WithItems:items];
[6]segmented.frame ＝ CGRectMake(60,100,200,40);

[7] segmented.segmentedControlStyle = UISegmentedControlStyleBar;
[8] [self.view addSubview:segmented];
[9] [segmented release];
[10] }

③然后在应用加载方法中添加 viewDidLoad 方法。

④在初始化实例时,选择 initWithItems 方法,即将前面定义的数组实例添加进来,这样在分段控件上,显示的内容就是用户所定义的内容。然后定义控件的外观类型,有 4 种类型供用户选项,比较常见的类型是 UISegmentedControlStyleBar。

⑤构建并运行,UISegmentedControl 的效果如图 3.12 所示。

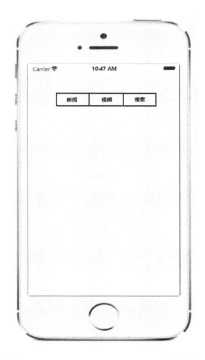

图 3.12　UISegmentedControl 的效果

实例创建完成之后,可以根据自己的喜好,对实例进行自定义的设置。如设置分段控件实例的颜色、设置各个段的长度、设置默认选择的按钮等,还可以根据需要在特定的位置插入分段。

⑥在 viewDidLoad 方法中,修改实例的相关属性,代码如下。

[1] -(void)viewDidLoad

[2]{
[3]NSArray *items = @[@"新闻",@"视频",@"搜索"];
[4]UISegmentedControl *segmented = [[UISegmentedControl alloc]init
[5]WithItems:items];
[6]segmented.frame = CGRectMake(60,100,200,40);
[7]segmented.segmentedControlStyle = UISegmentedControlStyleBar;
[8][segmented setWidth:30.0f forSegmentAtIndex:1];
[9]segmented.selectedSegmentIndex = 1;
[10][segmented insertSegmentWithTitle:@"图片" atIndex:2 animated:YES];
[11][self.view addSubview:segmented];
[12][segmented release];
[13]}

在原有代码的基础上,分段中将 index 值为 1 的分段长度设置为 30,将默认选择 index 值为 1 的分段,而且还添加了一个新的名为"图片"的分段放在 index 值为 2 的位置上。效果如图 3.13 所示。

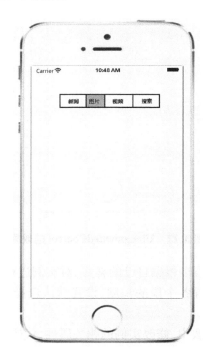

图 3.13　程序运行效果

⑦完成实例的创建后,就要实现相应的功能。在实际项目中,分段控件的主要功能是完成切换视图的工作,而且一般会将分段控件定义在导航栏(UINavigationBar)或屏幕下方的 UITabBar 中。在本节的内容中,只实现了一个简单的功能,即单击每个分段按钮后,会提示当前的信息。

⑧在 viewDidLoad 方法中,为 UISegmentedControl 添加一个方法,并创建一个用于显示信息的标签实例。在 .h 文件中创建 UILabel 和 UISegmented 实例,代码如下。

[1]#import <UIKit/UIKit.h>
[2]@ interface ViewController: UIViewController
[3]{
[4]UILabel *label;
[5]UISegmentedControl *segmented;
[6]}
[7]@ end

⑨在 .m 文件中的 viewDidLoad 方法中,实现 UISegmented 方法,代码如下。

[1] -(void)viewDidLoad
[2]{
[3]label = [[UILabel alloc]initWithFrame:CGRectMake(60,200,240,40)];
[4][self.view addSubview:label];
[5][label release];
[6]NSArray *items = @[@"新闻",@"视频",@"搜索"];
[7]UISegmentedControl *segmented = [[UISegmentedControl alloc]init
[8]WithItems:items];
[9]segmented.frame = CGRectMake(60,100,200,40);
[10]segmented.segmentedControlStyle = UISegmentedControlStyleBar;
[11][segmented setWidth:30.0f forSegmentAtIndex:1];
[12]segmented.selectedSegmentIndex = 1;
[13][segmented addTarget:self action:@selector(value:)
[14]forControlEvents:UIControlEventValueChanged];
[15][segmented insertSegmentWithTitle:@"图片" atIndex:2 animated:YES];
[16][self.view addSubview:segmented];

[17][segmented release];
[18]}

⑩实现 value 方法,代码如下。

[1] -(void)value:(UISegmentedControl *)segmented
[2]{
[3]NSString *labeltext = [[NSString alloc]initWithFormat:@"现在选择
[4]的是第%d 个分段位置",segmented.selectedSegmentIndex + 1];
[5]label.text = labeltext;
[6][labeltext release];
[7]}

⑪构建并运行可以看到最后的效果。

Segmented 实例有一个 selectedSegmentIndex 用于获取当前选择 Segment 的索引值,通过这个 index 值,能够执行相对应的方法。

Value 是一个带参数 void 类型的方法,将实例 Segmented 作为参数传到方法中,这样就可在方法中调用该实例进行操作。如果声明一个带参数的方法,要注意在为实例添加动作时,要在方法名后面加冒号,具体操作如下。

[1][segmented addTarget:self action:@selector(value:)
[2]forControlEvents:UIControlEventValueChanged];

UIControlEventValueChanged 和 UIControlEventTouchUpInside 事件不同之处在于前者是通过值的改变来触发事件,而后者是通过单击来触发事件。

(2)UIPageControl 视图和 UISegmentedControl 视图有许多相似之处,它们的功能都是处理视图的切换。在 iPhone 的应用中,如果有许多页面,则在屏幕的顶端或底端会出现分页效果的视图。这里只简单地介绍它的基本属性。

①新建一个 Single View Application 项目,在 viewController.m 中的 viewDidLoad 方法中创建实例,并设置相关的属性,代码如下。

[1] -(void)viewDidLoad
[2]{
[3]UIPageControl *page = [[UIPageControl alloc]initWithFrame:CGRectMake

[4](100, 450, 100, 20)];
[5]page. numberOfPages = 3;
[6]page. currentPage = 2;
[7]page. backgroundColor = [UIColor grayColor];
[8][self. view addSubview:page];
[9][page release];
[10]}

定义视图的方法和前面几个视图一致。NumberOfPages 属性代表一共有多少个页面，currentPage 代表默认情况下显示的是第几个页面。此外还有一个重要的属性是 hidesForSinglePage，它的作用是当只有一个页面时隐藏视图，因为当只有一个视图时，使用 UIPageControl 会使屏幕显得单调，所以系统提供了隐藏单视图的属性，它是一个 BOOL 类型，需要设置时，将它的值设置为 YES 即可。

②建构并运行，可以看到 UIPageControl 视图的效果，如图 3.14 所示。

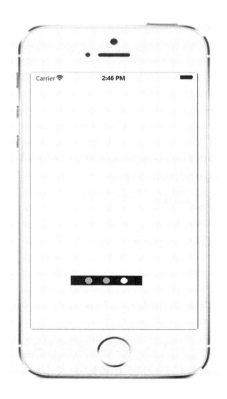

图 3.14　**UIPageControl 的效果**

3.2.5 UIActivityIndicatorView

UIActivityIndicatorView 视图的效果是显示载入时等待画面上的进度圈,它一般会与网络编程混合使用。当从网络下载或读取信息时,就会显示 UIActivityIndicatorView 视图。信息载入完成后,视图会自动消失。在本节中,将介绍 UIActivityIndicatorView 视图的常用属性和方法。

(1)新建一个 Single View Application 项目,在 viewController.h 文件中定义一个 UIActivityIndicatorView 视图的实例,代码如下。

```
[1]#import <UIKit/UIKit.h>
[2]@interface ViewController：UIViewController
[3]{
[4]UIActivityIndicatorView *view;
[5]}
[6]@end
```

(2)在 viewController.m 文件中的 viewDidLoad 中创建实例,并设置相关属性,代码如下。

```
[1] -(void)viewDidLoad{
[2][super viewDidLoad];
[3]view = [[UIActivityIndicatorView alloc]initWithActivityIndicatorStyle：
[4]UIActivityIndicatorViewStyleGray];
[5]view.center = CGPointMake(150,200);
[6][view startAnimating];
[7][self.view addSubview:view];
[8]}
```

(3)建构并运行,可以看到 UIActivityIndicatorView 视图的效果图,如图 3.15 所示。

在初始化 UIActivityIndicatorView 实例时,要注意通过 CGRectMake 方法定义实例大小是无意义的,因为系统已经为它定义好了大小,用户是无法更改的,只能通过 CGPointMake 方法定义它在屏幕中的位置。

UIActivityIndicatorView 实例默认是静止,所以要通过调用 startAnimating 方法,

图 3.15　UActivityIndicatorView 的效果

让它动起来。

在实际操作中,会发现如果在搜索网络时,UIActivityIndicatorView 视图也会出现在手机屏幕上方的状态栏中,那么在设置属性时,只需要将 UIApplication 中的 setNetworkActivityIndicatorVisble 属性设置为 YES 即可。

(4)通过设置一个按钮,单击之后以完成信息的加载,让转动的视图隐藏起来。在 viewDidLoad 方法中添加如下代码。

[1]//显示网络的 UIActivityIndicatorView 视图
[2][[UIApplicationsharedApplication]
[3]setNetworkActivityIndicatorVisible:YES];
[4]UIButton *button = [UIButton buttonWithType:UIButtonTypeRoundedRect];
[5][button setTitle:@"信息加载完成" forState:UIControlStateNormal];
[6]button.frame = CGRectMake(100, 300, 100, 40);
[7][button addTarget:self action:@selector(hide)
[8]forControlEvents:UIControlEventTouchUpInside];
[9][self.view addSubview:button];

[10] -(void)hide
[11] {
[12] [[UIApplication sharedApplication]setNetworkActivityIndicatorVisible:NO];
[13] [view stopAnimating];
[14] }

(5)建构并运行,单击按钮前后的效果如图 3.16 所示。

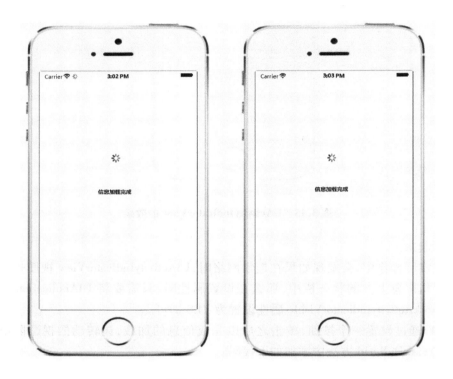

图 3.16　运行效果对比

在实际的项目中,通常不会用这样简单的方法实现 UIActivityIndicatorView 视图,而要实现动态视图。以上是向读者介绍该视图的用途和基本属性,关于实现动态视图,还会通过在后面的例子中加入 UIActivityIndicatorView 视图的动态处理效果来进一步介绍。

3.3　UIAlertView 和 UIActionSheet

本节介绍的两个视图是为用户提供选择的视图,在实际项目中也运用得比较广泛。创建实例的方法也很容易,重要的是掌握对 UIAlertivewDelegate 代理方法的使用。接下来介绍 UIAlertView 视图创建的方法。

(1) 新建一个 Single View Application 项目,在 viewController.m 文件中创建实例。在 viewDidLoad 方法中创建一个按钮实例,代码如下。

[1] -(void)viewDidLoad {
[2] [super viewDidLoad];
[3] UIButton * button = [UIButton buttonWithType:UIButtonTypeRoundedRect];
[4] button.frame = CGRectMake(100,200,100,40);
[5] [button setTitle:@"下载信息" forState:UIControlStateNormal];
[6] [button addTarget:self action:@selector(download) forControlEvents:
[7] UI ControlEventTouchUpInside];
[8] [self.view addSubview:button];
[9] }

(2) 创建一个按钮实例,用于显示 UIAlertView 视图,然后为按钮添加一个单击事件,将按钮添加到窗口上。以下代码用于实现按钮的 download 方法。

[1] -(void)download
[2] {
[3] UIAlertView * alertView = [[UIAlertView alloc]initWithTitle:@"下载"
[4] message:@"确定下载?" delegate:self cancelButtonTitle:@"否" other
[5] ButtonTitles:@"是", nil];
[6] [alertView show];
[7] [alertView release];
[8] }

可以看到 UIAlertView 视图的初始化方法非常简单,可以设置要在弹出的警告框中显示的信息,并且可以设置多个按钮。最后通过 show 方法显示 UIAlertView 实例。UIAlertView 和 UIActionSheet 视图的级别非常高,在程序运行下,当显示这两个视图时,其他的事件都会被阻断。单击其他区域无效,必须先完成这两个视图的事件才能继续其他事件。

UIAlertView 视图继承于 UIView,所以也可以在 UIAlertView 上添加子视图。添加子视图的方法和其他视图的方法一致。

（3）接下来重要的是调用 UIAlertView 的代理方法。弹出对话框实现的效果都是在代理方法中实现的。要调用它的代理方法，首先要在 AppDelegate.h 文件中加入 UIAlertViewDelegate 协议，代码如下。

[1]#import ＜UIKit/UIKit.h＞
[2]@ interface ViewController：UIViewController ＜UIAlertViewDelegate＞
[3]@ end

通过 SDK 查看它的代理方法，并实现，代码如下。

[1] -（void）alertView：(UIAlertView *）alertView clickedButtonAtIndex：
[2]（NSInteger）buttonIndex
[3]｛
[4]if(buttonIndex == 1){
[5]UIAlertView *alertView ＝ [[UIAlertView alloc]initWithTitle:@"正在下载..."
[6]message:nil delegate:self cancelButtonTitle:nil otherButtonTitles:nil];
[7][alertView show];
[8]UIActivityIndicatorView *activeView ＝ [[UIActivityIndicatorView alloc]
[9]initWithActivityIndicatorStyle:UIActivityIndicatorViewStyleWhiteLarge];
[10]activeView.center ＝ CGPointMake(140,70);
[11][activeView startAnimating];
[12][alertView addSubview:activeView];
[13][activeView release];
[14]｝
[15]｝

这个代理方法的作用是当点击特定 buttonIndex 按钮时实现的效果。它的 buttonIndex 值从 0,1,2…依次设定。在定义的 alertView 实例中，cancelButton 的 index 值是 0，otherButton 的 index 值依次往下设定。

在代理方法中如果单击 buttonIndex 值为 1 的按钮时会弹出另一个 UIAlertView 的视图，并在视图上添加一个 UIActivityIndicatorView 的视图。

UIActivityIndicatorView 视图的创建在上一小节中已经介绍，而添加子视图的方法和其他视图添加子视图的方法一致。

该例子实现了显示 UIAlertView 视图和单击视图中的按钮弹出另一个视图的

功能。

（4）最后构建并运行。这里需要注意的是，当 UIAlertView 实例显示时，它是 Application 的第一响应者，也就是 firstRebonder，只有当用户选择相应的按钮后，才可以进行其他的操作。

UIActionSheet 视图和 UIAlertView 视图类似，也可为用户提供选择功能，例如当要删除一个文件时，会弹出一个 UIActionSheet 视图，以提示用户是否确定删除，效果如图 3.17 所示。它的初始化方法与 UIAlertView 视图类似，也有代理方法。

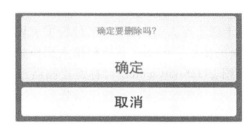

图 3.17　UIActionSheet 视图

4 iOS 图控制器的使用

iPhone 在用户交互上做了巨大的创新,从某种程度上说打破了以往人机交互的模式,带来了一场全新的体验。iPhone 充分模拟人操作物体的固有习惯和思维方式。本章将为读者介绍 UITabBarController(标签控制器)、UITableView(表视图)以及 UINavigationController(导航控制器)三种更高级的视图控制器的用途及其具体使用方式。

4.1 UITabBarController

UITabBarController 称作标签控制器或者选项卡栏控制器,这是因为 UITabBarController 包含多个并列的内容视图,通过标签页的切换,快速实现内容视图在主界面的展现。

UITabBarController 可以实现复杂、强大的多视图功能。它自身就是一个根视图,管理着所有的内容视图。上一章简单地介绍了 UITabBarController,下面将详细地介绍 UITabBarController 的组成和使用方法。

4.1.1 UITabBarController 组成部分

UITabBarController 对应的类是 UITabBarController,其各个组成部分之间的关系如图 4.1 所示。

(1) Tab Bar。Tab Bar 位于屏幕下方,由许多的 Tab 项组成。例如 iPhone 的音乐,包含专辑和表演者等 5 个 Tab 项,如图 4.2 所示。用户单击 Tab Bar 的某一项,UITabBarController 就会切换当前视图。

Tab Bar 最多可以容纳 5 个 Tab 项,超出这个数量,多出的部分就会自动和第 5 个 Tab 项合并,以"更多"的方式显示,当单击"更多"项时会进入一个选择界面,选择未显示的 Tab 项。例如,单击音乐的"更多"项,可以看到风格和选集等隐藏的 Tab 项。

(2) 内容视图。Tab Bar 上面显示的每一个 Tab 项都对应一个 ViewController,

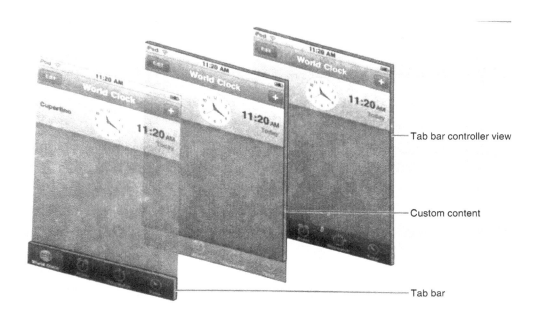

图 4.1　UITabBarController 各组成部分的层级关系

图 4.2　iPhone 音乐的 Tab Bar

如"播放列表"项的内容视图为"我的最爱"和"音乐视频"等列表,"表演者"项的内容视图显示为歌手列表。各个视图之间呈并列关系,不会相互影响。

（3）tabBarItem。ViewController 本身具有一个 tabBarItem 属性,只要设置它,就能改变 Tab Bar 上对应的显示内容。

如果不主动设置,系统将会根据 viewController 的标题自动创建一个,该 tabBarItem 只显示文字,没有图像。当自己创建 UITabBarItem 时,可以指定显示的图像和对应的文字描述。

UITabBarItem 还有一个属性 badgeValue,通过设置该属性可以在其右下角显示一个小的角标,通常用于提示用户有新的消息,如 App Store 的更新提示,用户可以快速地知道 iPhone 有程序可以更新。

注意：假如用户切换到其他选项卡，不会影响"更新"选项卡中 badge 数目的计算，这样执行其他操作时，还能方便地观察选项卡中场景的变化。

4.1.2 UITabBarController 使用方式

下面为用户介绍 UITabBarController 的使用方式和某些注意事项，具体的操作会在后面的程序中体现。

（1）加载方式。最常见的加载方式是在 Application delegate 的 ApplicationDidFinishLaunching 方法中创建并加载，因为 UITabBarController 通常是作为整个程序的 rootViewController（根视图）的，因此在程序运行时就需要显示它。

（2）旋转问题。UITabBarController 默认只支持竖屏，当设备方向发生变化时，如果当前内容视图支持旋转，UITabBarController 才会发生旋转，否则保持默认的竖向。

（3）与 UINavigationController 结合。和 UINavigationController 类似，UITabBarController 也是用来控制多个页面之间的导航。不同的是 UINavigationController 通过栈的方式推入和推出视图，而 UITabBarController 的视图全部是平级的。许多程序设计都是基于两者结合而完成，主要方法是让 UINavigationController 作为 UITabBarController 的内容视图，如 iPhone 音乐和 App Store。

注意：现在很多 iPhone 程序都是上面有导航栏目、下面有标签栏。在本书后面的章节介绍 UINavigationController 时，读者可以试着创建此种设计模式。

4.2 创建项目并配置 TabBarController

本章的示例程序基于 TabBarController，包含 3 个标签栏，如下所示。

第 1 个标签对应的视图控制器包含一个日期选择器。用户可以转动选择器滚轮选择具体的日期和时间，单击"当前日期"，日期选择器对应的日期和时间就会显示在界面上。

第 2 个标签的选择器包含一组数据，通过转动选择器滚轮的方式选取。

第 3 个标签的选择器和前面相比稍有复杂，因为这个选择器包含两个滚轮，而且后面选择器的数值会根据前面那个选择器的数值改变而发生改变。

4.2.1 创建视图控制器

Xcode 为开发者提供了基于标签分页的应用程序模板，可以通过这种模板方便地创建一个根视图为 TabBarController 的 iPhone 程序。

本章的示例程序和上章一样，依然采取 Empty Application 空模板，可以一步步地创建和添加 TabBarController，程序构建的每一步都十分清晰。在创建 TabBarController 之前，还需要创建几个内容视图。

（1）新建工程：新建一个 iPhone 工程，选择 Empty Application 模板，工程命名为"TabPicker"。

（2）新建视图文件：在工程中新建 3 个 UIViewController，分别命名为"FirstViewController""SecondViewController"和"ThirdViewController"，全部选择带有 xib 文件。此时工程目录下应该包含 3 个视图控制器。

4.2.2 创建根视图控制器

接下来的工作是创建根视图控制器。用户刚进入程序可以看到 UITabBarController，并且由根视图控制器分管其他视图控制器。

（1）添加 UITabBarController。打开 AppDelegate.h，添加一个 UITabBarController 类型的指针成员变量，代码如下。

```
[1]#import <UIKit/UIKit.h>
[2]@interface AppDelegate：UIResponder <UIApplicationDelegate>
[3]@property (strong, nonatomic) UIWindow *window;
[4]@property (strong, nonatomic) UITabBarController *myTabBarController;
[5]@end
```

添加初始化代码如下。

```
[1]#import "AppDelegate.h"
[2]#import "FirstViewController.h"
[3]#import "SecondViewController.h"
[4]#import "ThirdViewController.h"
[5]@implementation AppDelegate
[6]@synthesize window = _window;
[7]@synthesize myTabBarController;
[8]-(void)dealloc
[9]{
[10][_window release];
```

[11][self.myTabBarController release];
[12][super dealloc];
[13]}
[14]-(BOOL)Application:(UIApplication *)Application didFinishLaunching
[15]WithOptions:(NSDictionary *)launchOptions
[16]{
[17]self.window = [[[UIWindow alloc] initWithFrame:[[UIScreen main
[18]Screen] bounds]] autorelease];
[19]self.window.backgroundColor = [UIColor whiteColor];
[20][self.window makeKeyAndVisible];
[21]myTabBarController = [[UITabBarController alloc] init];
[22]FirstViewController * ViewController1 = [[FirstViewController alloc] init];
[23]SecondViewController * ViewController2 = [[SecondViewController alloc] init];
[24]ThirdViewController * ViewController3 = [[ThirdViewController alloc] init];
[25]ViewController1.tabBarItem = [[UITabBarItem alloc] initWithTitle:@"时间"
[26]image:[UIImage imageNamed:@"calendar.png"] tag:0];
[27]ViewController2.tabBarItem = [[UITabBarItem alloc] initWithTitle:@"国家"
[28]image:[UIImage imageNamed:@"datashow.png"] tag:1];
[29]ViewController3.tabBarItem = [[UITabBarItem alloc] initWithTitle:@"城市"
[30]image:[UIImage imageNamed:@"number.png"] tag:2];
[31]//存储这3个视图控制器
[32]NSArray * controllers = [NSArray arrayWithObjects:ViewController1,
[33]ViewController2,ViewController3,nil];
[34][ViewController1 release];
[35][ViewController2 release];
[36][ViewController3 release];
[37]myTabBarController.viewControllers = controllers;
[38]//3个视图保存到tabBarController
[39]//加载tabBarController到主窗口
[40][self.window setRootViewController:myTabBarController];
[41]return YES;
[42]}

详细介绍上面的代码。

①创建 UITabBarController 实例。

[1]myTabBarController = [[UITabBarController alloc] init];
[2]//创建 UITabBarController 实例

②创建 3 个 ViewController 的实体变量,每个 ViewController 都有一个 UITabBarItem(标签),UITabBarItem 初始化时会传递一个标题和图像,标题大小为 24×24 像素,iPhone 程序会自动设置标题图标的外观,图像最好选择拥有透明背景的。

③存储这 3 个视图控制器。UITabBarController 的 viewControllers 是一个 NSArray,用来保存内容视图,代码如下。

[1]//存储这3个视图控制器
[2]NSArray * controllers = [NSArray arrayWithObjects:
[3]ViewController1, VieWController2, ViewController3, nil];

④加载 myTabBarController。把 myTabBarController 作为主窗口的根视图加载到窗口上,代码如下。

[1]//加载 tabBarController 到主窗口
[2][self. Window setRootViewController: myTabBarController];

提示:可以找到3个 tabBarItem 需要的图片素材,加载到工程里。

这里是通过代码的方式加载 UITabBarController,当然也可以通过 Intreface Builder 来加载,加载方法和基本 UI 控件一致,从系统库中找到 UITabBarController。

使用 Interface Builder 不仅可以完成界面设计,还能搭建稍微复杂的程序架构。不过建议尽量使用代码,这样可以在初学的阶段更好地掌握代码编程,丰富开发经验。

(2)运行程序。编译并运行程序,如果没有错误,可以看到模拟器中程序的最下方多出一个 Tab Bar,此刻一共有 3 个 tabBarItem。当前选中的选项卡会以高亮显示,如图 4.3 所示,这说明成功创建了 UITabBarController。

图 4.3　UITabBarController 的选项卡在选中时变成高亮

4.3　UITableView(表视图)

如果应用需要显示大量数据,就像 iPhone 的通讯录拥有上百个联系人时,可以采用表视图,用户通过上下滚动来查看更多的数据。表没有行的限制,但是却只有一列。表视图虽然不限行数,但如果一次加载过多的数据,会影响表的流畅性,消耗内存。表视图的对象是 UITableView,表的每行通过 UITableViewCell 来实现。

UITableView 靠委托(UITableViewDelegate)和数据源(UITableViewDataSource)来表现数据。UITableViewCell 是表的单元格,可以自定义,也可以用系统提供的样式,下面介绍 UITableView 类。

4.3.1　UITableView(表视图)

UITableView 是 UIScollView 的子类,只能上下滑动,无法左右滑动。它有两个重要的代理,分别是 UITableViewDelegate 和 UITableViewDataSource。UITableView 并不负责存储表中的数据,它从遵循 UITableViewDelegate 和 UITableViewDataSource

协议的对象中获取配置数据。

下面介绍下几个常用的代理方法。

(1)分区数。

"-(NSInteger)numberOfSectionsInTableView:(UITableView *)tableView;"

这个方法决定表视图采取几个分区(section)来显示数据。

(2)每个分区的行数。

"-(NSInteger)tableView:(UITableView *)tableView numberOfRowsInSection:(NSInteger)section;"这个方法返回每个分区的行数。

(3)返回单元格。

"-(UITableViewCell *)tableView:(UITableView *)tableView cellForRowAtIndexPath:(NSIndewPath *)indexPath;"这个方法通过 section 和 row 返回对应的单元格,可以在里面自定义单元格的界面。默认的有一个主标题 textlabel,一个副标题 detailTextLabel,还有一个 imageView 位于最左侧,通常用于显示图标。

(4)行高。

"-(CGFloat)tableView:(UITableView *)tableView heightForRowAtIndexPath:(NSIndexPath *)indexPath;"这个方法返回指定的 row 的高度。

(5)选中某一行。

"-(void)tableView:(UITableView *)tableView didSelectRowAtIndexPath:(NSIndexPath *)indexPath;"系统可以检测到单击某一行的响应动作,在这里可以执行自己的逻辑操作。

注意:这些代理方法里面必须设置分区的函数和返回单元格,其他的有默认值或者可以不实现。

4.3.2 分组(grouped)表和无格式(plain)表

表视图有两种基本样式,一种是分组表,这种表视图的组都是嵌入在圆角矩形的框里;另一种是无格式表,它属于默认的样式,例如 iPhone 的通讯录,行之间用一条灰色的间隔线分开。

从外观上看,两种表区别较明显,而且无格式表可以拥有索引,分组表无法拥有索引。

4.3.3 单元格

表的所有数据都要放在单元格里才能展现,就需要配置单元格操作 UITableViewCewCell 类。默认情况下,单元格显示图标、标题和信息详情,有时还会携带一个附属视图,可以是一个简约的小箭头,也可以是一个蓝色的可单击的按钮,此按钮会告诉用户还有更深层次的信息被隐藏。

单元格在创建时必须传递一个重用标志符(一个做标记性的字符串),基本上相同样式或者一类的单元格采用同一个标志符。

4.4 简单表视图的实现

下面创建本章的示例程序,程序中添加一个表视图并显示一段文字列表,然后利用稍微复杂的操作,定制希望的单元格,可以通过设置表视图的某些属性修改其样式。

4.4.1 设计视图

打开 Xcode,新建 iPhone 工程,选择基于 Single View Application 的模板,工程命名为"Simple TABLE"。

(1)添加表视图。打开 ViewController.xib,在系统库中找到表视图,把 Table View 拖到 View 上,Table View 会自动撑开到全屏大小。

(2)设置表视图属性。选中 Table View,打开属性面板,可以看到 Table View 的属性。Style 下拉框可以选择 Table View 的样式,当前默认的是 Plain。如果选择 Grouped,可以看到 Table View 的样式变化,在本程序中采用 Plain 表。

Separator 决定分割线的样式,这个属性主要针对 Plain 表。在下方的颜色框中可以选择分割线的颜色。

(3)运行程序。由于还没有处理 Table View 的数据源和代理,所以程序运行后只有一个光秃秃的表。

4.4.2 编写视图控制器

接下来需要让 ViewController 实现表的数据源和代理,实现方式和上一章使用过的选择器类似,即描述表视图包含多少分区、多少行和多少待显示的单元格等。一共分4步完成,步骤如下所示。

(1)设置代理。回到 Interface Builder 界面,右击 Table View,把 dataSource、delegate 连接到 File's Owner,让 ViewController 实现 Table View 的数据源和代理。如果通过代码实现,在适当的位置添加如下代码。

[1]tableView.delegate = self; //设置委托
[2]tableView.dataSource = self; //设置数据源

其中 tableView 是表视图的对象或输出口，self 是代理类，一般都是本类。此外还需要创建一个表视图的对象或者声明输出口。

打开 ViewController.h，修改代码如下。

[1]#import <UIKit/UIKit.h>
[2]@ interface ViewController：UIViewController
[3]<UITableViewDataSource, UITableViewDelegate>
[4]{
[5]IBOutlet UITableView *tableview;
[6]NSArray *data;
[7]}
[8]@ property(retain, nonatomic)NSArray *data;
[9]@ end
[10]//ViewController 遵从 UITableViewDataSource 和 UITableViewDelegate 协议，
[11]//数组 data 保存数据。

（2）初始化数据。打开 ViewController.m，创建一份数据并保存到成员变量 data 中，代码如下。

[1]#import "ViewController.h"
[2]@ implementation ViewController
[3]@ synthesize data;
[4]-(void)didReceiveMemoryWarning
[5]{
[6][super didReceiveMemoryWarning];
[7]}
[8]-(void)dealloc{
[9][data release];
[10][super dealloc];
[11]}
[12]#pragma mark
[13]-(void)viewDidLoad
[14]{
[15][super viewDidLoad];

[16]//初始化数组数据
[17]NSArray * provinces = [[NSArray alloc] initWithObjects：
[18]@"山东",@"山西",@"河南",@"河北",
[19]@"湖南",@"湖北",@"广东",@"广西",
[20]@"黑龙江",@"辽宁",@"浙江",@"安徽",
[21]nil];
[22]self. data = provinces;
[23][provinces release];

（3）实现数据源和委托方法。需要显示的数据已经初始化完成，下面实现数据源和代理方法，在viewDidLoad函数下方添加如下代码。

[1]#pragma mark
[2]#pragma mark UITableViewDataSource
[3] -(NSInteger)numberOfSectionsInTableView:(UITableView *)tableView
[4]{
[5]return 1; //分区数
[6]}
[7] -(NSInteger)tableView:(UITableView *)tableView
[8]numberOfRowsInSection:(NSInteger)section
[9]{
[10]return [self. data count]; //行数
[11]}
[12] -(CGFloat)tableView:(UITableView *)tableView heightForRowAtIndex
[13]Path:(NSIndexPath *)indexPath{
[14]if((indexPath. row + 1)%2 = =0) { //偶数行
[15]return 60;
[16]}
[17]return 30; //奇数行
[18]}
[19] -(UITableViewCell *)tableView:(UITableView *)tableView cellForRow
[20]AtIndexPath:(NSIndexPath *)indexPath{
[21]static NSString *CellTableIdentifier = @"CellTableIdentifier";
[22]//单元格 ID

[23]//重用单元格
[24]UITableViewCell * cell = [tableView dequeueReusableCellWithIdentifier:
[25]CellTableIdentifier];
[26]//初始化单元格
[27]if (cell == nil) {
[28]cell = [[[UITableViewCell alloc] initWithStyle:UITableViewCellStyleDefault
[29]reuseIdentifier: CellTableIdentifier] autorelease];
[30]}
[31]cell.textLabel.frame = rect;//设置单元格标题
[32]return cell;
[33]}

前面介绍过"numberOfSectionsInTableView:"返回分区的数目,在这里配置了一个分区。"table View: numberOfRowsInSection:"返回分区的函数,因为只有一个分区,所以直接返回 data 数组中的元素个数即可。

当 Table View 绘制某一行时,会调用"table View: cellForRowAtIndexPath:"函数,第二个参数是一个 NSIndexPath 类,通过 indexPath.Section 和 indexPath.Row 可以获取到当前行的分区下标和行下标。CellTableIdentifier 作为一个唯一标识符,用于区别不同种类的单元格。

表视图显示在界面时首先会加载当前可见的行。UITableViewCell 就是一个表视图单元格,当表视图滑动到新的部分时,那些刚刚被显示出来的行就会被创建;当表视图回滚到先前部分时,已经被创建过的行不用再重复初始化。通过 CellTableIdentifier 即可完成,代码如下。

[1]//重用单元格
[2]UITableViewCell * cell = [tableView dequeueReusableCellWithIdentifier:
[3]CellTableTdentifier];

通过以上方式重新显示已经创建过的行,而不是通过重新创建的方式显示,利用此机制系统可以最大限度地节省内存。如果当前行无法重复利用,说明该行还没有创建,那么就需要执行初始化操作,代码如下。

[1]//初始化单元格
[2]Cell = [[[UITableViewCell alloc] initWithStyle: UITableViewCell

［3］StyleDefault
［4］reuseIdentifier：CellTableIdentifier］
［5］autorelease］；

单元格也有几种不同的样式,当采用 UITableViewCellStyleDefault 时即是默认的,第二个参数传递唯一标识符。

单元格创建完后,还需要让单元格实现显示文字的效果。在单元格左侧有一个 Label,使用数组中的数据填充单元格,代码如下。

［1］cell.textLabel.text =［self.data objectAtIndex：indexPath.row］；
［2］//设置单元格标题

此代理方法较复杂,读者可以先学会如何使用,UITableView 更底层的实现方式可以查阅官方文档。

注意:如果不实现"numberOfSectionsInTableView:"这个数据源方法,表视图默认只有一个分区。

(4)运行程序。效果如图4.4所示,表视图从上到下列出 data 中的省份,顺序和 data 中元素顺序一致。当前的数据无法全部显示,须用手指上下滑动。

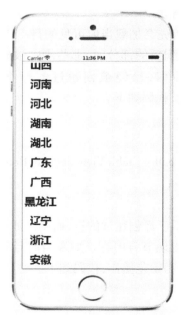

图4.4　程序运行效果

4.4.3 在表单元中添加图片

Table View 具有高度的定制性,这表示可以随意设计自己需要的样式。如果要让 Table View 显示一个图片一般是在单元格上加载一个 UIImageView。更便捷方法是利用 UITableViewCell 中一个默认的 UIImageView,可以直接引用某些赋值或进行修改操作。下面介绍如何在单元格中显示图片。

(1)添加素材。打开文件,把名为"talk. png"的图片添加到工程中,选择复制,把文件放在 Supporting Files 文件夹下。

(2)在单元格中显示图片。打开 ViewController. m,修改" tableView:cellForRowAtIndexPath:"函数,代码如下。

```
[1]#pragma mark
[2]#pragma mark UITableViewDelegate
[3] - (void)tableView:(UITableView * )tableView didSelectRowAtIndexPath:
[4](NSIndexPath * )indexPath{
[5]static NSString * CellTableIdentifier = @ "CellTableIdentifier ";
[6]//单元格 ID
[7]//重用单元格
[8]UITableViewCell * cell = [tableView dequeueReusableCellWithIdentifier:
[9]CellTableIdentifier];
[10]If   (cell = = nil) {
[11]Cell = [[[UITableViewCell alloc]initWithStyle: UITableView CellStyleSubtitle
[12]reuseIdentifier: CellTableIdentifier]
[13]autorelease];
[14]}
[15]UIImage * img = [UIImage imageNamed:@ "talk. png"];
[16]cell. imageView. image = img;
[17]cell. textLabel. text = [self. data objectAtIndex:indexPath. row];
[18]return cell;
[19]}
```

UITableViewCell 自带一个 UIImageView,如果有图像,会自动出现在单元格的左边。原来的 textLabel 会自动地往后靠,挨着图像。

在输入"cell. imageView. "代码时,Xcode 的自动匹配功能会根据当前已经输入的字母弹出提示。

imageView 的上方 image 多一道红线,通常表示这个属性在当前的 SDK 版本中已经被弃用,所以应该选择使用 imageView 属性。

(3)查看效果。运行程序,每个单元格的左侧都出现了一个图片,大小和位置都是由系统自动设置。

注意:"imageNamed:"使用基于图片名称的缓存机制,不会重复创建新的图片,而是使用缓存中的图片,这适合在表视图中使用。

4.4.4 表单元的几种样式

表本身承担管理和装载的工作,具体的显示还要交给表单元(UITableViewCell)。首先介绍单元格的几个基本元素。

- imageView:用于显示图像,位于单元格左侧。
- textLabel:显示主要的文本内容。
- detailTextLabel:显示辅助的文本内容。

采用 UITableViewCellStyleDefault 样式,单元格只会显示一个 textLabel。大多数情况下,单元格只靠一个标签难以满足较多的数据显示,除此之外,表视图单元格还有 UITableViewCellStyleValue1、UITableViewCellStyleValue2 和 UITableViewCellStyleSubtitle 三种样式。

(1) UITableViewCellStyleValue1。textLabel 位于左侧,和单元格左对齐;detailTextLabel 位于右侧,和单元格右对齐。样式演示如下:修改"tableView:cellForRowAtIndexPath:"函数,把初始化单元格时调用的函数(initWithStyle:)的第一个参数置换为 UITableViewCellStyleValue1,代码如下。

[1]#pragma mark
[2]#pragma mark UITableViewDelegate
[3] -(void)tableView:(UITableView *)tableView didSelectRowAtIndexPath:
[4](NSIndexPath *)indexPath{
[5]static NSString * CellTableIdentifier = @"CellTableIdentifier";
[6]//单元格 ID
[7]//重用单元格
[8]UITableViewCell * cell = [tableView dequeueReusableCellWithIdentifier:
[9]CellTableIdentifier];
[10]if (cell = = nil) {
[11]cell = [[[UITableViewCell alloc]initWithStyle: UITableViewCellStyleValue1

[12]reuseIdentifier:CellTableIdentifier]
[13]autorelease];
[14]}
[15]UIImage *img=[UIImage imageNamed:@"talk.png"];
[16]cell.imageView.image=img;
[17]cell.textLabel.text=[self.data objectAtIndex:indexPath.row];
[18]cell.detailTextLabel.text=@"省份";
[19]return cell;
[20]}

（2）UITableViewCellStyleValue2。textLabel 变成右对齐，deatilTextLabel 变成左对齐，这两个文本框是紧紧挨着的。这种样式下 imageView 无法显示，把样式修改为 UITableViewCellStyLeValue2,代码如下。

[1]if (cell= =nil){
[2]cell=[[[UITableViewCell alloc]initWithStyle:UITableViewCellStyleValue2
[3]reuseIdentifier:CellTableIdentifier]
[4]autorelease];
[5]}

（3）UITableViewCellStyleSubtitle。textLabel 和 detailTextLabel 都变成左对齐，textLabel 在上方，detailTextLabel 在下方。把样式修改为 UITableViewCellStyleSubtitle，代码如下。

[1]//初始化单元格
[2]if (cell= =nil){
[3]cell=[[[UITableViewCell alloc]initWithStyle:UITableView CellStyleSubtitle
[4]reuseIdentifier:CellTableIdentifier]
[5]autorelease];
[6]}

注意：系统默认的 detailTextLabel 颜色是蓝色，textLabel 的黑色，也可以自定义设置。

4.4.5 处理行选择事件

表视图能够感知某些触摸事件,当单击表视图的某一行时,该行的背景色会变成深蓝色,标签变成白色。

当单击表视图时,代理方法"tableView:didSelectRowAtIndexPath:"会被调用。通过第 2 个参数 NSIndexPath 可以确定是哪一行被选中。接着在"tableView:didSelectRowAtIndexPath:"中弹出提示框,代码如下。

```
[1]#pragma mark
[2]#pragma mark UITableViewDelegate
[3]-(void)tableView:(UITableView *)tableView didSelectRowAtIndexPath:
[4](NSIndexPath *)indexPath{
[5]UIAlertView *alert = [[UIAlertView alloc] initWithTitle:[NSString string
[6]WithFormat:@"省份:%@",[self.data objectAtIndex:indexPath.row]]
[7]message:
[8][NSString stringWithFormat:@"第%d行",indexPath.row+1]
[9]delegate:nil cancelButtonTitle:nil otherButtonTitles:@"确定",nil];
[10][alert show];
[11][alert release];
[12]}
[13]//表视图中某行被选中
[14]//弹出警告
[15]//运行程序,单击某一行,程序会弹出提示框
```

只有当有新的一行被选中时,原先被选中的行才会从蓝色高亮状态变回正常状态。

4.4.6 调整表单元中文字属性

单元格的 textLabel 和 detailTextLabel 都是文本标签,系统默认的样式还不能满足要求,可以尝试着修改标签的字体、调整位置或者设置自己喜欢的文本颜色。如修改"tableView:cellForRowAtIndexPath:"函数,代码如下。

```
[1]-(UITableViewCell *)tableView:(UITableView *)tableView cellForRow
[2]AtIndexPath:(NSIndexPath *)indexPath{
```

[3]static NSString *CellTableIdentifier = @"CellTableIdentifier";
[4]UITableViewCell *cell = [tableView dequeueReusableCellWithIdentifier:
[5]CellTableIdentifier];
[6]if (cell == nil) {
[7]cell = [[[UITableViewCell alloc] initWithStyle:UITableViewCellStyleDefault
[8]reuseIdentifier:CellTableIdentifier] autorelease];
[9]}
[10]UIImage *img = [UIImage imageNamed:@"talk.png"];
[11]cell.imageView.image = img;
[12]cell.textLabel.text = [self.data objectAtIndex:indexPath.row];
[13]cell.detailTextLabel.text = @"省份";
[14]cell.textLabel.font = [UIFont systemFontOfSize:22];
[15]CGRect rect = cell.textLabel.frame;//textLabel 初始位置
[16]rect.origin.x += 20;
[17]cell.textLabel.frame = rect;//设置新的位置
[18]return cell;
[19]}

单元格的样式重新设定为 UITableViewCellStyleDefault，所以无法显示 detailTextLabel。修改 textLabel 的字体为22，修改坐标位置，向右移动20个坐标点。运行程序，可以看到 textLabel 的字体明显增大，位置也向右发生偏移，如图4.5所示。

为了能更直观感受，可以把字体的大小改为50，代码如下。

[1]cell.textLabel.font = [UIFont systemFontOfSize:50];

再运行程序，此时单元格的样式如图4.6所示。

每行的标签字体都很大，产生拥挤的感觉，邻近两行的标签几乎要重叠。下面为单元格设置行高，可以让单元格变得更大。

4.4.7 设置表单元的高度

设置行高有两种方式，一种是设置 Table View 的属性 rowHeight；另一种是重写数据源函数"table View:heightForRowAtIndexPath:"。通过这两种方式可以自由定制每一行的高度，灵活性较高。

图 4.5 修改 textLabel 的字体坐标

图 4.6 设置 textLabel 字体为 50 后的样式

(1)设置 rowHeight 属性。因为需要一个 Table View 对象来设置 rowHeight,所以首先要创建 IBOutlet 并关联。

①修改 ViewController.h。

[1]#import <UIKit/UIKit.h>
[2]@ interface ViewController：UIViewController
[3]<UITableViewDataSource,UITableViewDelegate>
[4]{
[5]IBOutlet UITableView * tableview; //表视图
[6]NSArray * data;//数据数组
[7]}
[8]@ property(retain,nonatomic)NSArray * data;
[9]@ end

打开 ViewController.xib,把 IBOutlet 和 Table View 关联起来。

②设置 rowHeight。修改 ViewController.m 的 viewDidLoad 函数,代码如下。

[1]#pragma mark
[2] -(void)viewDidLoad
[3]{
[4][super viewDidLoad];
[5]//初始化数据
[6]NSArray * provinces = [[NSArray alloc]initWithObjects：
[7]@"山东",@"山西",@"河南",@"河北",
[8]@"湖南"@"湖北"@"广东",@"广西",
[9]@"黑龙江",@"辽宁",@"浙江",@"安徽",nil];
[10]Self.data = provinces;
[11][provinces release];
[12]tableview.rowHeight = 90; //行高为 90
[13]}

为 rowHeight 属性赋值,设置 Table View 的行高为 90,这样所有的单元格高度都是 90。

③运行程序。运行结果显示单元格高度明显增加。

（2）设置数据源函数。设置行高属性的方式对于高度统一的表较为有利，而且在内存方面更加有效。如果行之间高度不一致，就只能重写函数"tableView：heightForRowAtIndexPath："，此方法在灵活度上优势明显。

①把单元格 textLabel 的字体大小设置为25，代码如下。

[1]Cell.textLabel.font = [UIFont systemFontOfSize: 25];//设置字体

②设置行高。因为都是数据源函数，就把返回行高的函数放在"tableView：numberOfRowsInSection："的下方，代码如下。

[1] - (NSInteger)tableView:(UITableView *)tableView
[2]numberOfRowsInSection:(NSInteger)section
[3]{
[4]return [self.data count];
[5]}
[6] - (CGFloat)tableView:(UITableView *)tableView heightForRowAtIndex
[7]Path:(NSIndexPath *)indexPath{
[8]if ((indexPath.row + 1)%2 = =0) { //偶数行
[9]return 60;
[10]}
[11]return 30;//奇数行
[12]}

如果(indexPath.row + 1)%2 = 0，当前行一定是偶数行(下标1,3,5)，高度设置为60，奇数行设置为30。

（3）运行程序。行的下标从0开始，所以第1行(下标为0)，第3行(下标为2)高度都是30，其余的偶数行都是60。

注意：通过 rowHeight 可以获取表视图默认的行高大小。

4.4.8 自定义表单元

如果表视图不能满足用户的要求，也可以根据用户的想法进行自定义。

（1）首先要新建一个工程，代码如下。

[1]#import <UIKit/UIKit.h>

[2]@interface ViewController: UIViewController
[3]{
[4]IBOutlet UITableView * tableview;
[5]NSArray * data;
[6]}
[7]@property(retain, nonatomic)NSArray * data;
[8]@end

(2)初始化数据。在 ViewController. m 的 viewDidLoad 中设计数据,代码如下。

[1]#import "ViewController. h"
[2]#import "CustomCell. h"
[3]#define PROVINCEKEY @ "PROVINCEKEY"
[4]#define CITY @ "CITY"
[5]@implementation ViewController
[6]@synthesize data;
[7] - (void)didReceiveMemoryWarning
[8]{
[9][super didReceiveMemoryWarning];
[10]}
[11] - (void)dealloc{
[12][data release];
[13][super dealloc];
[14]}
[15]#pragma mark - View lifecycle
[16] - (void)viewDidLoad
[17]{
[18][super viewDidLoad];
[19]//数据
[20]NSArray * city1 = [NSArray arrayWithObjects:
[21]@"济南",@"淄博",@"青岛", nil];
[22]NSDictionary * dictionary1 = [NSDictionary dictionaryWithObjectsAndKeys:
[23]@"山东",PROVINCEKEY, city1, CITY,nil];
[24]NSArray * city2 = [NSArray arrayWithObjects:

[25]@"石家庄",@"承德",nil];
[26]NSDictionary * dictionary2 = [NSDictionary dictionaryWithObjectsAndKeys:
[27]@"河北",
[28]PROVINCEKEY,city2,CITY,nil];
[29]NSArray * city3 = [NSArray arrayWithObjects:@"太原",@"大同",nil];
[30]NSDictionary * dictionary3 = [NSDictionary dictionaryWithObjectsAndKeys:
[31]@"山西",PROVINCEKEY,city3,CITY,nil];
[32]NSArray * city4 = [NSArray arrayWithObjects:
[33]@"沈阳",@"大东",@"东陵",nil];
[34]NSDictionary * dictionary4 = [NSDictionary dictionaryWithObjectsAndKeys:
[35]@"辽宁",PROVINCEKEY,city4, CITY,nil];
[36]NSArray * city5 = [NSArray arrayWithObjects:
[37]@"杭州",@"宁波",@"温州",@"绍兴",nil];
[38]NSDictionary * dictionary5 = [NSDictionary dictionaryWithObjectsAndKeys:
[39]@"浙江",
[40]PROVINCEKEY,city5,CITY,nil];
[41]NSArray * city6 = [NSArray arrayWithObjects:
[42]@"合肥",@"芜湖",@"淮南",nil];
[43]NSDictionary * dictionary6 = [NSDictionary dictionaryWithObjectsAndKeys:
[44]@"安徽",PROVINCEKEY, city6,CITY,nil];
[45]NSArray * array = [NSArray arrayWithObjects:dictionary1,dictionary2,
[46]dictionary3,dictionary4,dictionary5,dictionary6,nil];
[47]self. data = array;
[48]}

如此,就可以实现在 data 数组里保存 6 个 NSDictionary,每个 NSDictionary 对应一个省份和城市数组。

(3)实现数据源方法。在 ViewController. m 中实现表视图的数据源方法,代码如下。

[1]#pragma mark
[2]#pragma mark Table Data Source Methods
[3] - (NSInteger)numberOfSectionsInTableView:(UITableView *)tableView{
[4]return [self. data count];
[5]}

[6] -(NSInteger)tableView:(UITableView *)tableView
[7] numberOfRowsInSection:(NSInteger)section
[8] {
[9] NSDictionary *dictionary = [self.data objectAtIndex:section];
[10] NSArray *citys = [dictionary objectForKey:CITY];
[11] return [citys count];
[12] }
[13] -(NSString *)tableView:(UITableView *)tableView titleForHeaderIn
[14] Section:(NSInteger)section{
[15] NSDictionary *dictionary = [self.data objectAtIndex:section];
[16] return [dictionary objectForKey:PROVINCEKEY];
[17] }
[18] -(CGFloat)tableView:(UITableView *)tableView heightForRowAtIndex
[19] Path:(NSIndexPath *)indexPath
[20] {
[21] return 60;
[22] }
[23] -(UITableViewCell *)tableView:(UITableView *)tableView
[24] cellForRowAtIndexPath:(NSIndexPath *)indexPath
[25] {
[26] static NSString *CustomCellIdentifier = @"CustomCellIdentifier";
[27] CustomCell *cell = (CustomCell *)[tableView dequeueReusableCell
[28] WithIdentifier:CustomCellIdentifier];
[29] if (cell == nil)
[30] {
[31] NSArray *nib = [[NSBundle mainBundle] loadNibNamed:@"CustomCell"
[32] owner:self options:nil];
[33] cell = [nib objectAtIndex:0];
[34] }
[35] NSDictionary *dictionary = [self.data objectAtIndex:indexPath.section];
[36] NSArray *citys = [dictionary objectForKey:CITY];
[37] cell.cityLabel.text = [citys objectAtIndex:indexPath.row];
[38] return cell;
[39] }

通过以上方式可以完成表视图的自定义。

4.5　UINavigationController（导航控制器）

在 iPhone 开发中，除了 TabBar Controller，采用导航控制器（UINavigationController）也是较常用的一种搭建多视图架构的模式。这里将介绍如何利用导航视图控制器和表视图创建一个可导航的多视图应用。通过导航控制器，可以有效地把较多的表数据分隔开，实现一级分层的效果。首先在应用程序中加载导航视图控制器，再依次创建所有的内容子视图，通过导航控制器实现视图层级之间的跳转。

4.5.1　导航控制器

关于导航控制器（UINavigationController），它在管理层次感较强的场景信息方面发挥着举足轻重的作用。

导航控制器主要用于构建程序的架构，它能维护一个视图控制器栈（stack），任何类型的视图控制器都可以放入到栈中，为用户提供分层信息。iPhone 本身的设置就是由导航控制器组成维护的，设置的第一层界面会罗列出所有的主设置选项。

单击任一设置项，程序会进入到第二层界面。例如，单击"通用"项，iPhone 网络和蓝牙等子设置项就会跳转出来，界面如图 4.7 所示。然后，单击左上角"设置"按钮，当前界面就会返回到上一层，如图 4.8 所示。iPhone 的邮件和通讯录也使用了 UINavigationController。

图 4.7　打开"设置"后第一层界面

图 4.8 打开"通用"后第二层界面

这些视图之间的切换全部都是由导航控制器完成的,对于经常使用 iPhone 的用户,上面的操作十分熟悉。但对开发者而言,还需要了解具体实现方式的原理。

导航控制器非常适合展示分层数据,也可以实现类似模态对话框的效果。

4.5.2 栈的概念

视图都是通过栈的方式存储在 NavigationController 中,栈的特点是先进后出。接触过 C 语言或者 C++ 语言,应该对栈、链表等数据结构有一定了解,栈的结构如图 4.9 所示。

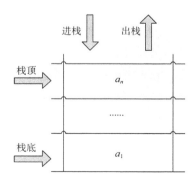

图 4.9 栈示意图

往栈中添加对象的操作叫作入栈(push),从栈中删除对象的操作叫作出栈(pop)。

注意:栈是一种数据结构,只能在一端进行添加和删除操作。它按照先进后出的原则存储数据,先进入的数据被压入栈底,最后的数据在栈顶。如果想更进一步地了解栈或数据结构的知识,可以查阅相关书籍。

4.5.3 视图控制器栈

UINavigationController 拥有自己的结构。UINavigationController 包含一个导航条(navigation bar)、工具条(navigation toolbar)、一个当前显示的视图(navigation view)和内容视图(customcontent)。其中内容视图包含所有压入导航控制器栈中的视图。

注意:导航条上还包含一个标题和返回按钮。在前面的章节已经向导航条添加过其他控件,而且是以 UIBarButtonItem 的形式进行设置。

4.6 创建导航控制器应用

本节将通过 UINavigationController 来搭建程序,导航控制器的根视图,即程序的首界面包含一个 UITableView,每行对应着一个二级视图的入口。单击某一行,就会跳转到相关的视图控制器。

不断创建子视图,随时运行程序可查看最新的效果,下面介绍程序的结构。

4.6.1 应用结构

程序的主界面提供四个入口,可以跳转到对应的二级视图。首页面很简单,在每行的右侧多出一个小箭头图标,这是 UITableViewCell 自带的扩展按钮。

程序拥有四个二级子视图。单击"详细列表"行,弹出第 1 个子视图,每行的右侧有一个细节展现按钮,单击它程序进入到下一级视图展示细节。第 2 个二级视图可以做标记,如选择一部喜爱的电影。

后面的两个二级视图都是对表视图执行编辑操作,第 3 个子视图可以移动行,按住右侧灰色按钮就可以把行拖动到新位置。最后一个子视图,可以删除表中的行。

4.6.2 添加导航控制器

如果创建基于导航控制器的应用程序,可以选择"Master - Detail Application"模板。为了更清楚地了解导航控制器的结构和创建过程,这次选择 Empty Application

的工程模板。

（1）添加导航控制器。新建 iPhone 工程,工程命名为"NavTab"。创建完成后,打开 NavTabAppDelegate.h 文件,添加代码如下。

[1]#import <UIKit/UIKit.h>
[2]@ interfaceAppDelegate：UIResponder <UIApplicationDelegate>
[3]{
[4]UINavigationController * navigationcontroller;
[5]}
[6]@ property (strong, nonatomic) UIWindow * window;
[7]@ end

在 AppDelegate 类中创建一个 UINavigationController 成员变量。

（2）加载导航控制器。打开 NavTabAppDelegate.m 文件,添加如下代码。

[1]@ implementation AppDelegate
[2]@ synthesize window = _window;
[3] -(void)dealloc
[4]{
[5][_window release];
[6][navigationcontroller release];//释放内存
[7][super dealloc];
[8]}
[9] -(BOOL)Application:(UIApplication *)Application didFinishLaunching
[10]WithOptions:(NSDictionary *)launchOptions
[11]{
[12]//初始化窗口
[13]self.window = [[[UIWindow alloc] initWithFrame:[[UIScreen main
[14]Screen] bounds]] autorelease];
[15]self.window.backgroundColor = [UIColor whiteColor];//设置窗口颜色
[16][self.window makeKeyAndVisible];
[17]navigationcontroller = [[UINavigationController alloc] initWithRootView
[18]Controller:root];
[19][root release];

[20][self. window addSubview:navigationcontroller. view];
[21]//设置根视图
[22]return YES;
[23]}

UINavigationController 本身继承自 UIView Controller,也具有 View 变量,所以直接把 navgation. view 添加到程序的主窗口(self. window)中。

如果此时运行程序,程序会提示编译错误。因为 initWithRootViewController 后面还必须要传递一个参数,这个参数就是根视图。

4.6.3 根视图(root view)

下面在工程中新建一个 ViewController 文件,其包含一个表视图,同以往的在 View 上添加 Table View 不同,这次采用的是 UITable ViewController。这个类自动包含一个表视图,而且不需要连接它的数据源和输出口,这些工作都是由系统自动完成。UITableViewController 也有自己的局限性,其灵活性受到部分限制,比如其包含的表视图默认采取无格式表,且不能修改。

(1)新建 UITableViewController 文件。打开 Xcode,新建文件,选择 UIViewController subclass,文件命名为 RootViewController。Subclass Of 下拉框选择 UITableViewController,同时勾选 With XIB for user interface 复选框。

创建完成后,打开 RootViewController. xib,在 Objects 下是一个 Table view,即 Root ViewController 的 View 类型是 UITableView。

(2)设置为根视图。修改 AppDelegate. m 文件,把 RootViewController 设置为导航控制器的根视图,代码如下。

[1]#import " AppDelegate. h"
[2]#import " RootViewController. h"
[3]@ implementationAppDelegate
[4]@ synthesize window = _window;
[5] - (BOOL)Application:(UIApplication *)Application didFinishLaunching
[6]WithOptions:(NSDictionary *)launchOptions
[7]{
[8]//初始化窗口
[9]self. window = [[[UIWindow alloc] initWithFrame:[[UIScreen main
[10]Screen] bounds]] autorelease];

［11］self.window.backgroundColor = [UIColor whiteColor];//设置窗口颜色
［12］[self.window makeKeyAndVisible];
［13］RootViewController * root = [[RootViewController alloc] init];
［14］navigationcontroller = [[UINavigationController alloc] initWithRootView
［15］Controller:root];
［16］[root release];
［17］[self.window addSubview:navigationcontroller.view];
［18］//设置根视图
［19］return YES;
［20］}
［21］//初始化窗口
［22］//设置窗口颜色
［23］//初始化根视图
［24］//设置根视图
［25］//加载导航控制器

创建一个 RootViewController 类实例 root,并设置为 UINavigationController 的根视图。根据引用计数原则,在设置完成后对 root 进行一次释放。

(3)运行程序。在程序上方有一个导航栏,导航控制器的内容视图是空表格。当前导航控制器只包含一个视图,所以显示的是 RootViewController。

4.6.4 内容视图(content view)

UINavigationController 以栈的方式管理所有的内容视图。已经创建完成第一个视图控制器 RootViewController,还要创建更多视图控制器,全部交给导航控制器统一管理。

(1)实现 RootViewController 表样式。RootViewController 的 .m 文件中已经默认添加了表视图的数据源函数和代理,下面修改部分代码如下。

［1］#pragma mark
［2］-(NSInteger)numberOfSectionsInTableView:(UITableView *)tableView
［3］{
［4］#warning Potentially incomplete method implementation.
［5］// Return the number of sections.
［6］return 1;//一个分区

[7]}
[8] -(NSInteger)tableView:(UITableView *)tableView numberOfRowsIn
[9]Section:(NSInteger)section
[10]{
[11]#warning Incomplete method implementation.
[12]// Return the number of rows in the section.
[13]return 1;//一行
[14]}
[15] -(UITableViewCell *)tableView:(UITableView *)tableView cellFor
[16]RowAtIndexPath:(NSIndexPath *)indexPath
[17]{
[18]static NSString *CellIdentifier = @"Cell";
[19]//重用单元格
[20]UITableViewCell *cell = [tableView dequeueReusableCellWithIdentifier:
[21]CellIdentifier];
[22]//初始化单元格
[23]if (cell == nil) {
[24]cell = [[[UITableViewCell alloc] initWithStyle:UITableViewCellStyle
[25]DefaultreuseIdentifier:CellIdentifier] autorelease];
[26]}
[27]if (indexPath.row == 0) {
[28]cell.textLabel.text = @"详细列表";
[29]}
[30]cell.accessoryType = UITableViewCellAccessoryDisclosureIndicator;
[31]return cell;
[32]}

设置 RootViewController 当前只有一个分区,且只有一行。在返回单元格时添加代码如下。

[1]cell.accessoryType = UITableViewCellAccessoryDisclosureIndicator;
[2]//指示器

单元格的右侧会生成一个小箭头,叫作扩展指示器(disclosure indicator)。它一般是用来提醒用户触摸本行时,程序会跳转到下一级视图,这在系统设置中很常见。

为第 1 个视图设置标题,修改"view WillAppear:"函数,代码如下。

[1] -(void)viewWillAppar:(BOOL)animated
[2]{
[3][super viewWillAppear:animated];
[4]self.navigationItem.title = @"主界面"; //设置导航条标题
[5]}

这次没有在 viewDidLoad 里设置标题,因为导航控制器在进栈和退栈时,视图之间可能会相互影响。而写在 viewWillAppear 里,RootViewController 界面每次显示出来时,都会执行 self.navigationItem.title = @"主界面",这样可以保证 RootViewController 的标题不被意外修改。

(2)实现二级视图跳转。新建文件时,文件类型和 RootViewController 一致,选择 UITableViewController 的子类,文件命名为"DetailViewController"。二级视图和根视图都是 UITableViewController 类型,这样可以省去大量的时间来搭建视图界面,只需要为每个 Table View 提供各自的数据即可。

现在要让程序成功地在两个视图之间跳转,在后面的章节中再去实现 DetailViewController 的表视图数据源方法。在 RootViewController.m 文件最上方添加头文件的引用,代码如下。

[1]#import "RootViewController.h"
[2]#import "DetailViewController.h"

修改"table View:didSelectRowAtIndexPath:"代理方法,代码如下。

[1]#pragma mark -Table view delegate
[2] -(void)tableView:(UITableView *)tableView didSelectRowAtIndexPath:(NSIndexPath *)indexPath
[3]{
[4]//初始化视图控制器
[5]DetailViewController *detail = [[DetailViewController alloc] init];
[6][self.navigationController pushViewController:detail animated:YES];

[7]//视图跳转
[8][detail release];
[9]}

当单元格被选中时,首先创建一个 DetailViewController 类实例,压入到导航控制器的栈中,"push ViewController: animated:"第2个参数设置为 YES,在跳转时,程序会有默认的动画效果。

(3)运行程序。程序的首界面目前只有一行。单击该行,程序跳转到 DetailViewController 视图,DetailViewController 的导航条左侧会默认提供一个返回按钮,按钮的标题就是它上一级视图的标题。

4.6.5 更复杂的表视图

这里简单介绍复杂表视图的创建。
(1)初始化显示数据。

[1]#import <UIKit/UIKit.h>
[2]@interface DetailViewController:UITableViewController
[3]{
[4]NSArray *list;
[5]}
[6]@property(nonatomic,retain) NSArray *list;
[7]@end

在 DetailViewController.m 里初始化数据,修改 viewDidLoad 函数,代码如下。

[1]#import "DetailViewController.h"
[2]@implementation DetailViewController
[3]@synthesize list;
[4]-(void)dealloc{
[5][list release];
[6][super dealloc];
[7]}
[8]#pragma mark - View lifecycle
[9]-(void)viewDidLoad

[10]{
[11][super viewDidLoad];
[12]NSArray *array = [[NSArray alloc] initWithObjects:
[13]@"白塔寺",@"蓟县白塔",@"北戴河",@"呼伦贝尔草原",
[14]@"八达岭长城",@"九华山",@"黄果树瀑布",@"黄果树瀑布",
[15]@"开普敦",@"太阳金字塔",@"霍克斯湾",@"狂欢节",
[16]@"伊瓜苏瀑布",@"热带雨林",@"达尼丁",@"基督城",nil];
[17]self.list = array;
[18][array release];
[19]}

(2)完成表视图的数据源方法。

[1]#pragma mark – Table view data source
[2] – (NSInteger)numberOfSectionsInTableView:(UITableView *)tableView
[3]{
[4]#warning Potentially incomplete method implementation.
[5]// Return the number of sections.
[6]return 1;
[7]}
[8] – (NSInteger)tableView:(UITableView *)tableView numberOfRowsIn
[9]Section:(NSInteger)section
[10]{
[11]#warning Incomplete method implementation.
[12]// Return the number of rows in the section.
[13]return [list count];
[14]}
[15] – (UITableViewCell *)tableView:(UITableView *)tableView cellForRow
[16]AtIndexPath:(NSIndexPath *)indexPath
[17]{
[18]static NSString *CellIdentifier = @"Cell";
[19]UITableViewCell *cell = [tableView dequeueReusableCellWithIdentifier:
[20]CellIdentifier];
[21]if (cell == nil) {

[22] cell = [[[UITableViewCell alloc] initWithStyle:UITableViewCellStyle
[23] Default reuseIdentifier:CellIdentifier] autorelease];
[24] }
[25] int row = [indexPath row];
[26] NSString *rowString = [list objectAtIndex:row];
[27] cell.textLabel.text = rowString;
[28] cell.accessoryType = UITableViewCellAccessoryDetailDisclosureButton;
[29] return cell;
[30] }

通过上述程序,可以显示初始化表视图要显示的数据。之后创建一个视图控制器,并完成界面设定以及添加扩展按钮响应,就可运行程序。

5 多媒体

如果程序只是一些用户控件的堆砌,那么用户不会有多少耐心来使用这些程序。但如果在程序中使用多媒体技术,则能够快速吸引用户。在本章中,将围绕视频与音频等内容,介绍基本的多媒体使用方法。主要介绍内容如下。

第一,了解视频、音频的基本知识以及常用术语。

第二,掌握播放音频的方法以及这些方法的优缺点与适用范围。

第三,掌握录音以及控制音乐播放的方法。

第四,掌握视频播放的方法。

第五,掌握播放系统媒体库中的音乐与视频的方法。

第六,掌握使用相机进行拍照与摄像的要点以及将图像与视频保存到媒体库的方法。

5.1 音频与视频基础

5.1.1 容器与编码

在介绍本章内容之前,先介绍什么是容器与编码。

计算机中会保存各种格式的媒体文件,例如常见的 AVI、MKV、MOV、RMVB、MP4 等视频文件以及 WAV、MP3、M4A、AAC、APE、FLAC 等音频文件。文件又称作容器,其中可以包含视频数据、音频数据与其他信息(脚本、版权信息、歌词、字幕等)。

文件(容器)中的视频数据与音频数据可以采用不同编码(算法)保存。例如,AVI 文件中的视频数据可以以 MPEG4 DIVX 编码压缩,也可以以 MPEG4 XVID 编码保存;其音频数据可以以 MP3 方式压缩,也可以以 AAC 格式存储。在播放这些媒体文件时,需要对视频数据与音频数据进行对应解码。所以偶尔会遇到这种情况,虽然文件格式相同,例如都是 AVI 视频文件,但是其中一个有图像也有声音,而另一个文件则只有声音而没有图像,这就是由于系统中没有安装特定的视频解码器,所以没办法解析视频数据。

5.1.2 音频编码格式介绍

下面介绍 iOS 开发中较常用的音频编码格式。

(1) AAC:Advanced Audio Coding,这是一种有损音频压缩算法。当初设计 AAC 编码是为了取代 MP3,实现音频优化。

(2) ALAC:Apple Lossless Audio Codec,苹果公司研发的一种无损压缩算法,压缩率在 40% ~ 60%,能够在 iOS 设备上进行快速解码。

(3) IMA4:一种压缩格式,能够将 16 位音频文件以 4:1 方式压缩。对于 iOS 程序开发,这种编码比较常用。

(4) AMR:Adaptive Multi – Rate,用于位速率较低的语音数据编码。

(5) iLBC:internet Low Bitrate Codec,另一种语音数据编码方式。

(6) LPCM:Linear Pulse Code Modulation(线性脉冲编码调制),它是一种模数转换方法,将信号的强度按照梯度进行划分,然后进行采样,并用二进制数来量化。其中 PCM 代表未压缩的原始音频数据,占用空间很大但播放速度极快。

(7) G.711(A – Law/μ – Law):另一种对语音数据进行编码的方式。

(8) MP3:Moving Picture Experts Group Audio Layer Ⅲ(动态影像专家压缩标准音频层面3),它是当前最流行的一种音频编码方式,属于有损压缩算法。它舍去了 PCM 音频数据中对人听觉不重要的数据,从而将文件大幅度压缩。

对于未压缩的 PCM 原始音频数据与压缩的 IMA4 音频数据,可以同时硬解码播放。对于较高级的编码方式(MP3、AAC、ALAC),只可以同时对其中一个音频数据进行硬解码。如果需要同时播放多个此类编码的音频数据,则其中一个可以硬解码,而其他的则需要解码,这会占用 CPU 资源,而且速度较慢。

5.1.3 采样率与比特率

声音是具有能量的波,它是连续的模拟信号,而计算机以数字形式保存数据,所以要想保存声音信息,需要进行模数转换。进行模数转换需要进行采样、量化与编码三个步骤。采样是指在时间上将连续的模拟信号离散化。量化是指用有限个幅度值近似原有的连续变化的幅度值,从而把模拟信号的连续幅度变为有限数量的有一定间隔的离散值。编码是指按照一定的规纳将量化后的离散值用二进制数表示出来。

模拟信号转换为 4 位二进制数的采样与量化过程,如图 5.1 所示。

采样率(sampling rate)定义了每秒从连续信号中提取并组成离散信号的采样个数,其单位为赫兹(Hz)。采样率的倒数叫作采样周期或采样时间,它是每次采

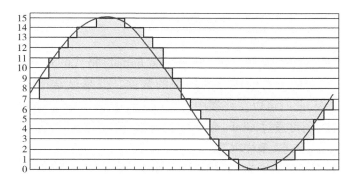

图 5.1 模拟信号转换为 4 位二进制数的采样与量化过程

样之间的时间间隔。对于 CD 音频来说,其采样率为 44 100Hz。

比特率(bitrate,也称位速率)是指单位时间内所使用的二进制位数,单位为位每秒(bit/s)。在使用工具对音频进行压缩时,可以指定比特率。比特率越高,越贴近真实数据,文件越大;比特率越低,失真约大,文件越小。一般是让文件大小与品质之间达到理想的平衡。

下面给出常见音频的比特率。

①800 bit/s:能够分辩的语音所需最低比特率。

②8k bit/s:电话质量(使用语音编码)。

③32k bit/s:MW(AM)质量。

④96k bit/s:FM 质量。

⑤(128~160)k bit/s:相当好的质量,有时有明显差别。

⑥192k bit/s:优良质量,偶尔有差别。

⑦(224~320)k bit/s:高质量音频。

⑧(500 k~1M) bit/s:无损音频。

⑨1411.2k bit/s:PCM 编码的 CD 音频。

常见的视频比特率如下。

①16k bit/s:可视电话质量。

②(128~384)k bit/s:商业视频会议质量。

③1M bit/s:VHS 质量。

④1.25M bit/s:VCD 质量(使用 MPEG 1 压缩)。

⑤5M bit/s:DVD 质量(使用 MPEG 2 压缩)。

⑥(8~15)M bit/s:高清晰度电视(HDTV)质量(使用 H.264 压缩)。

⑦29.4M bit/s(最高):HD DVD 质量。

⑧40M bit/s(最高):蓝光光盘(blue-ray disc)质量(使用 MPEG2、H264 或 VC-1 压缩)。

5.1.4 音频工具 afconvert 与 afinfo

iOS 开发中最常用的就是 CAF(core audio format)格式的音频文件,因为它能够包含 iPhone 支持的所有编码方式压缩的数据。但是最常见的往往是 WAV、MP3、AAC、M4A 等,此时可以在终端中使用 afconvert 命令行工具将其他格式音频转换为 CAF 格式,还可通过 afinfo 命令行工具查看音频文件信息,如容器格式、音频数据编码格式、比特率、采样率等。

要将其他格式音频转换为 CAF,须要在终端中输入如下格式的命令:

Afconvert - d <输出编码格式> - f <输出容器格式> = d <输入文件路径> <输出文件路径>

对于 iOS 开发最常用的是使用 LEI16(16 - bit little - endian signed integer)编码方式,要转换成 CAF 音频这种格式,输入如下命令:

aconvert - d LEI16 - f'caff'input_file. xxx. output. caf

要查看音频文件信息,在终端中输入如下命令:

Afinfo <文件路径>

5.2 音频

iOS SDK 提供了很多种播放音频的方式,可以根据具体的需要灵活选择。

如果只是想播放一个简单的声音,不需要对其进行控制,那么使用 System Audio Services 是最佳选择。这种方式最简单,而且能够实现震动效果。但是有如下限制:首先,音频数据必须来自于程序包内的文件,或是来自于服务器的音频流,不能播放其他位置的音频;其次,音频的长度不能超过 30 秒;再次,音频的容器格式只能是 CAF,AIF 或者 WAV 文件,编码格式只能为 LPCM 或者 IMA4;最后,使用这种方式不能对音频的播放进行控制,即只能播放,不能暂停、快进、回退等。

如果想播放更长的音频,并且希望能够对播放进行控制,那么使用 Audio Plyer 是最佳之选,它没有 System Audio Services 的诸多限制,而且使用起来也很简单。它可以播放更长的音频,允许对播放进行各种控制(暂停、快进回退、调整音量、指定播放位置、循环次数等),允许同时播放多个音频,而且支持的格式丰富(MP3、

AAC、ALAC、AIFF、WAV),能够处理中断(例如播放音乐时有电话呼入)。但是和 System Audio Services 一样,这种方式也只能播放程序包内的音频或者音频流。

如果希望播放音乐库中的音乐,则选择使用 Media Player 框架。如果希望录制音频,则选择使用 Audio Recorder。如果要表现 3D 场景音效,并控制立体声的方位,则选择使用 OpenAL。

5.2.1 使用 System Audio Services 播放声音

使用系统音频服务(system audio services)是一种最简单的播放方式。首先向项目添加 Audio Toolbox 框架,并在必要的代码处引用其头文件,然后将指定的音频文件加载为系统声音,并获取其 ID,最后调用 AudioServicesPlaySound 方法播放,并在不需要声音时释放即可。

使用 System Audio Services 播放声音的基本代码如下。

(1)根据音频文件 URL,生成系统声音 ID。

[1]NSURL * soundFieURL = {NSURL fileURLWithPath:soundFilePath};
[2]SystemSoundID soundID;
[3]AudioServicesCreateSystemSoundID(CFURLRef)soundFileURL,(soundID);

(2)根据 ID 播放声音。

[1]AudioServicesPlaySystemSound(soundID);

(3)释放资源。

[1]AudioServicesDisposeSystemSoundID(soundID);

5.2.2 播放简短音效与实现震动

在此节中,要使用 System Audio Serices 播放一个很短的爆炸音频并实现震动效果。

(1)添加 AudioToolbox 框架引用。创建一个单一视图应用,然后将爆炸声音文件复制添加到项目中。默认情况下项目只添加 UIKit,Foundation 与 Core Graphics 框架,因此要想使用系统音频服务还需额外添加 Audio Toolbox 框架。具体方法是在项目浏览窗口中选中项目根节点,在编辑窗口中选中 TARGETS 下的项目目标,切换到 Baild Puases 标签页,点击 Link Binary With Librarles 内的加号按钮,步骤如图 5.2 所示。

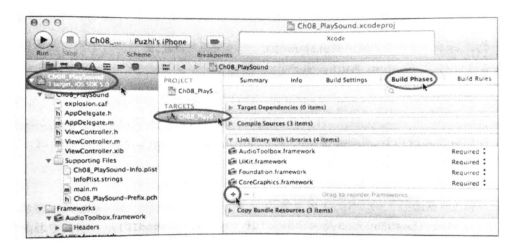

图 5.2　添加框架的步骤

此时会弹出添加框架与库窗口,在列表中选中 AudioToolbox.Framework,然后单击 Add 按钮即可。

(2)播放声音并添加震动效果。第一步,向主视图控制器类中添加一个成员变量,用于保存爆炸声音的 ID,并在加载主视图时创建该声音;第二步,向程序界面中添加一个按钮,设置其标题为 Explosion.,创建按钮与按下事件关联,当按下后程序播放爆炸音效,同时产生震动效果;第三步,需要卸载主视图时释放声音 ID,保证内存被正确释放。代码如下。

[1]//ViewController.h | Ch08_PlaySoundViewController.h
[2]//添加 AudioToolbox/AudioToolbox.h >
[3]@ interface ViewController:UIViewController
[4]UIViewController
[5]{
[6]SystemSoundID _explosionSoundID;　　//保存系统声音 ID
[7]NSData * _soundData;　　//保存音乐数据
[8]}
[9]-(IBAction)explosionButtonClicked:(id)sender;
[10]-(IBAction)playButtonClicked:(id)sender;

[11]@property (nonatomic, retain) AVAudioPlayer * audioPlayer;
[12]@end
[13]ViewController.m
[14] - (void)dealloc
[15]{
[16]//释放声音ID
[17]AudioServicesDisposeSystemSoundID(_explosionSoundID);
[18][_soundData release];
[19]self.audioPlayer = nil;
[20][super dealloc];
[21]}
[22] - (void)didReceiveMemoryWarning
[23]{
[24][super didReceiveMemoryWarning];
[25]}
[26]#pragma mark - View lifecycle
[27] - (void)viewDidLoad
[28]{
[29][super viewDidLoad];
[30]//在视图加载时创建爆炸声音的ID
[31]NSString * explosionSoundPath = [[NSBundle mainBundle]
[32]pathForResource:@"explosion" ofType:@"caf"];
[33]NSURL * explosionSoundURL = [NSURL fileURLWithPath:explosion
[34]SoundPath];
[35]AudioServicesCreateSystemSoundID((CFURLRef)explosionSoundURL,
[36]&_explosionSoundID);
[37]//获得音乐路径
[38]NSString * soundPath = [[NSBundle mainBundle]
[39]pathForResource:@"sound" ofType:@"caf"];
[40]//根据文件路径,获得音乐数据
[41]_soundData = [[NSData alloc] initWithContentsOfFile:soundPath];
[42]NSError * error = nil;
[43]//根据音乐数据,创建AVAudioPlayer对象
[44]_audioPlayer = [[AVAudioPlayer alloc] initWithData:_soundData error:

[45]&error];
[46]if(error)
[47]{
[48]NSLog(@"%@",[error description]);
[49]}
[50]else
[51]{
[52]//设置循环次数为无限循环
[53]_audioPlayer.numberOfLoops = -1;
[54]}
[55]}
[56]-(void)viewDidUnload
[57]{
[58][super viewDidUnload];
[59]// Release any retained subviews of the main view.
[60]// e.g. self.myOutlet = nil;
[61]//卸载视图时将声音释放
[62]AudioServicesDisposeSystemSoundID(_explosionSoundID);
[63][_audioPlayer release];
[64][_soundData release];
[65]}
[66]-(void)viewWillAppear:(BOOL)animated
[67]{
[68][super viewWillAppear:animated];
[69]}
[70]-(void)viewDidAppear:(BOOL)animated
[71]{
[72][super viewDidAppear:animated];
[73]}
[74]-(void)viewWillDisAppear:(BOOL)animated
[75]{
[76][super viewWillDisAppear:animated];
[77]}
[78]-(void)viewDidDisAppear:(BOOL)animated

[79]{

[80][super viewDidDisAppear:animated];

[81]}

[82]-(BOOL)shouldAutorotateToInterfaceOrientation:(UIInterfaceOrientation)

[83]interfaceOrientation

[84]{

[85]// Return YES for supported orientations

[86]return (interfaceOrientation ! = UIInterfaceOrientationPortraitUpsideDown);

[87]}

[88]-(IBAction)explosionButtonClicked:(id)sender

[89]{

[90]//播放声音

[91]AudioServicesPlaySystemSound(_explosionSoundID);

[92]//添加震动效果

[93]AudioServicesPlaySystemSound(kSystemSoundID_Vibrate);

[94]}

[95]-(IBAction)playButtonClicked:(id)sender

[96]{

[97]if (self.audioPlayer.isPlaying)

[98]{

[99][self.audioPlayer stop];

[100]}

[101]else

[102]{

[103][self.audioPlayer play];

[104]}

[105]}

[106]@end

编译运行程序,当点击 Explosion 按钮后,不仅能够听到爆炸的声音,同时能够实现震动效果(仅限 iPod Touch,且程序可在真机上运行)。

此处介绍几个重要的方法。创建系统声音 ID 需要调用 AudioToolbox 框架中的 AudioServicesCreateSystemSoundID 函数,函数声明如下。

［1］OSStatus AudioServicesCreateSystemSoundID（
［2］CFURLRef inFileURL,//声音文件 URL
［3］SystemSoundID * outSystemSoundID   //返回型参数,系统声音 ID 指针）；

参数 inFileURL 是一个声音文件的 URL,其类型为 CFURLRef(CFURL*)。从名称上看,该结构体定义在 Core Foundation 框架中,用于创建与转换 URL。之前介绍的 NSURL 类,它与 CFURLRef 之间可以通过免费桥接(toll - free bridging)的形式直接转换,正如上述代码所示。所谓免费桥接,就是指某些 Core Foundation 类型(这里的 CFURL*)可以直接与其对应的 Cocoa 类(这里的 NSURL*)进行无缝转换。

参数 outSystemSoundID 是一个返回型参数,用于获得新创建的系统声音 ID。系统声音 ID 是一个无符号整型值,用于唯一定位系统声音。

函数 AudioServicesPlaySystemSound 用于播放系统声音,代码如下。

［1］Void   AudioServicesPlaySystemSound（
［2］SystemSoundID inSystemSoundID   //要释放的系统声音 ID）；

5.2.3 使用 Audio Player 播放与控制声音

AVAudioPlayer 类不仅功能强大,而且易于使用。它定义在 AVFoundation 框架中,因此使用时需要首先将其添加到项目中,并引用其头文件。

使用 AVAudioPlayer 的基本代码结构如下。

（1）初始化新的 AVAudioPlayer 对象。

［1］AVAudioplayer * newPlayer = { AVAudioPlayer allocl}
［2］InitWithContentsOfURL;audioFileURL,errorinill;

或者:

［1］AVAudioPlayer * newPlayer = [[AVAudioPlayer alloc] initWithData：audioData error；nil］；

（2）设置委托（实现 AVAudioPlayerDelegate 协议）。

[1]newPlayer. deleqate = audioPlayerDeleqate；

委托对象需要实现 AVAudioPlayerDelegate 协议，AVAudioPlayer 对象会在播放完成、解码出错以及中断开始与结束时向委托对象发出通知。

（3）调用各种方法以操作音频，如准备播放、播放、暂停、在指定位置播放等操作。还可以设置或访问其属性以获取各种信息，如是否正在播放、循环次数、当前时间等信息。

[1][newPlayer stop]；
[2]NewPlayer. currentTime；

（4）释放 AVAudioPlayer。

[1][newPlayer release]；

5.2.4 播放较长的声音

现在再向程序界面中添加一个标题为 Play 的按钮，当点击该按钮后会播放一段音乐。由于音乐较长，所以不能使用 System Audio Services，只能使用 Audio Player 进行播放。

（1）添加 AVFoundation 框架引用。首先将 sound caf 音频文件复制添加到项目 PlaySound 中，然后添加 AVFoundation 框架引用。AVFoundation 框架定义了很多 Objectivc – C 类，用于播放视频、编辑视频音频数据等。

（2）使用 AVAudioPlayer 实现声音的播放与切换。向 ViewController｜PlaySoundViewController 类添加如下代码。

[1]//添加 AudioToolbox 框架头文件
[2]#import ＜AudioToolbox/AudioToolbox. h＞
[3]#import ＜AVFoundation/AVAudioPlayer. h＞
[4]@ interface ViewController：UIViewController
[5]{
[6]SystemSoundID _explosionSoundID；　//保存系统声音 ID
[7]NSData * _soundData；　//保存音乐数据
[8]}

[9] - (IBAction)explosionButtonClicked:(id)sender;
[10] - (IBAction)playButtonClicked:(id)sender;
[11] @property (nonatomic, retain) AVAudioPlayer * audioPlayer;
[12] @end
[13] //
[14] #import "ViewController.h"
[15] @implementation ViewController
[16] @synthesize audioPlayer = _audioPlayer;
[17] - (void)dealloc
[18] {
[19] //释放声音 ID
[20] AudioServicesDisposeSystemSoundID(_explosionSoundID);
[21] [_soundData release];
[22] self.audioPlayer = nil;
[23] [super dealloc];
[24] }
[25] - (void)didReceiveMemoryWarning
[26] {
[27] [super didReceiveMemoryWarning];
[28] }
[29] #pragma mark - View lifecycle
[30] - (void)viewDidLoad
[31] {
[32] [super viewDidLoad];
[33] //在视图加载时创建爆炸声音的 ID
[34] NSString * explosionSoundPath = [[NSBundle mainBundle]
[35] pathForResource:@"explosion" ofType:@"caf"];
[36] NSURL * explosionSoundURL = [NSURL fileURLWithPath:explosion
[37] SoundPath];
[38] AudioServicesCreateSystemSoundID((CFURLRef)explosionSoundURL,
[39] &_explosionSoundID);
[40] //获得音乐路径
[41] NSString * soundPath = [[NSBundle mainBundle]
[42] pathForResource:@"sound" ofType:@"caf"];

[43]//根据文件路径,获得音乐数据
[44]_soundData = [[NSData alloc] initWithContentsOfFile:soundPath];
[45]NSError * error = nil;
[46]//根据音乐数据,创建 AVAudioPlayer 对象
[47]_audioPlayer = [[AVAudioPlayer alloc] initWithData:_soundData error:
[48]&error];
[49]if(error)
[50]{
[51]NSLog(@"%@", [error description]);
[52]}
[53]else
[54]{
[55]//设置循环次数为无限循环
[56]_audioPlayer.numberOfLoops = -1;
[57]}
[58]}
[59] - (void)viewDidUnload
[60]{
[61][super viewDidUnload];
[62]// Release any retained subviews of the main view.
[63]// 例如 self.myOutlet = nil;
[64]//卸载视图时将声音释放
[65]AudioServicesDisposeSystemSoundID(_explosionSoundID);
[66][_audioPlayer release];
[67][_soundData release];
[68]}
[69] - (void)viewWillAppear:(BOOL)animated
[70]{
[71][super viewWillAppear:animated];
[72]}
[73] - (void)viewDidAppear:(BOOL)animated
[74]{
[75][super viewDidAppear:animated];
[76]}

[77] -(void)viewWillDisAppear:(BOOL)animated
[78] {
[79] [super viewWillDisAppear:animated];
[80] }
[81] -(void)viewDidDisAppear:(BOOL)animated
[82] {
[83] [super viewDidDisAppear:animated];
[84] }
[85] -(BOOL)shouldAutorotateToInterfaceOrientation:(UIInterfaceOrientation)
[86] interfaceOrientation
[87] {
[88] // Return YES for supported orientations
[89] return (interfaceOrientation != UIInterfaceOrientationPortraitUpsideDown);
[90] }
[91] -(IBAction)explosionButtonClicked:(id)sender
[92] {
[93] //播放声音
[94] AudioServicesPlaySystemSound(_explosionSoundID);
[95] //添加震动效果
[96] AudioServicesPlaySystemSound(kSystemSoundID_Vibrate);
[97] }
[98] -(IBAction)playButtonClicked:(id)sender
[99] {
[100] if (self.audioPlayer.isPlaying)
[101] {
[102] [self.audioPlayer stop];
[103] }
[104] else
[105] {
[106] [self.audioPlayer play];
[107] }
[108] }
[109] @end

编译运行程序，然后点击界面中的 Play 按钮，能够听到播放的音乐。因为音乐文件并不算太大，所以程序使用了 NSData 类型的成员变量保存音乐文件的数据，这样可以不用每次播放前都从文件系统中读取，而直接从内存中读取 NSData 对象即可。有 NSData 对象之后，就可以创建 AVAudioPlayer 对象并进行播放与控制。

5.2.5　使用 Audio Recorder 录制声音

AVFoundation 框架除了提供 AVAudioPlayer 类控制音频播放之外，还提供了 AVAudioRecorder 类用于录制音频。它能够录制一段时间内的声音，或者一直录制直到用户停止，并允许暂停与恢复录制等。使用 AVAudioRecorder 类之前，需要先将 AVFoundation 框架、CoreAudio 框架以及 CoreAudio 框架添加到项目中。

使用 AVAudioRecorder 录制音频的基本过程如下。

（1）创建用于设置录音参数的字典。

[1]NSDictionary * recordSettings = [[NSDictionary alloc] initWithObjects
[2]AndKeys:
[3][NSNumber numberWithInt:kAudioFormatAppleIMA4], AVFormatIDKey,
[4][NSNumber numberWithFloat:16000.0], AVSampleRateKey,
[5][NSNumber numberWithInt:1], AVNumberOfChannelsKey,
[6]nil];

录音需要对音频进行采样、量化与编码，因此在参数中需要指定必要的参数。参数是以字典的形式给出，其中比较重要的有采样率、通道数以及编码格式。AVFormlatIDKey 键表示编码格式，其值可以选用某一种编码方式的枚举值。AVSampleRateKey 键表示样率，这里指定的是 44 100Hz，即标准 CD 音频采样率。AVNumberOfChannelsKey 键指定了声道数，由于 iPhone 只有一个麦克风，所以除非添加额外的录音设备，大多数情况下指定为 1 即可，即单声道录制。这三个键值针对的是基本的设置选项，除此之外还可以添加针对某一特定编码方式的选项。

（2）初始化 AVAudioReconder 对象。

[1]AVAudioRecorder * newRecorder = [(AVAudioRecorder alloe]
[2]InitWithURL:recordFileURL aettingsirecordSettings errorinil]；

（3）设置委托。

[1]newRecorder, delegate = audioRecorderDelegate/

委托类实现了 AVAudioRecorderDelegale 协议,用于在录制完成、编码出错以及中断开始与结束时向委托对象发出通知。

（4）调用各种方法以控制录音过程,如准备录音、开始或恢复录音、暂停、停止录音等操作。还可以设置或访问其属性以获取各种信息,如是否正在录制、当前时间等信息。

[1][newRecorder recordForDuration:30.0f];//录制 30 秒
[2][newRecorder atop];//停止录制
[3]If(newRecorder.recording)//判断是否正在录制

（5）释放 AVAudioRecorder 对象。

[1][newRecorder release];

5.2.6 实现带录音功能的音乐播放机

在此节中,要利用 AVAudioPlayer 类与 AVAudioRecorder 类,实现一个带录音功能的音乐播放机原型。界面如图 5.3 所示。

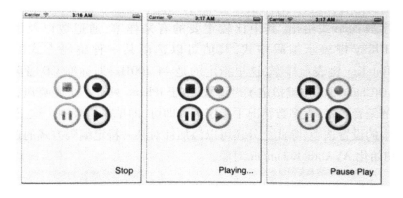

图 5.3 带录音的音乐播放器程序界面

代码如下。

[1]#import "ViewController.h"

[2]#import <CoreAudio/CoreAudioTypes.h>
[3]@implementation ViewController
[4]@synthesize stateLabel = _stateLabel;
[5]@synthesize playButton = _playButton;
[6]@synthesize recButton = _recButton;
[7]@synthesize pauseButton = _pauseButton;
[8]@synthesize audioPlayer = _audioPlayer;
[9]@synthesize stopButton = _stopButton;
[10]@synthesize audioRecorder = _audioRecorder;
[11]//将程序的状态切换至指定的状态
[12] - (void)changeState:(enum State)state
[13]{
[14]_state = state;
[15]switch(_state)
[16]{
[17]case kRecording:
[18]self.playButton.enabled = NO;
[19]self.recButton.enabled = NO;
[20]self.pauseButton.enabled = YES;
[21]self.stopButton.enabled = YES;
[22]self.stateLabel.text = @"Recording...";
[23]break;
[24]case kPlaying:
[25]self.playButton.enabled = NO;
[26]self.recButton.enabled = NO;
[27]self.pauseButton.enabled = YES;
[28]self.stopButton.enabled = YES;
[29]self.stateLabel.text = @"Playing...";
[30]break;
[31]case kPauseRec:
[32]self.playButton.enabled = NO;
[33]self.recButton.enabled = YES;
[34]self.pauseButton.enabled = NO;
[35]self.stopButton.enabled = YES;

[36]self.stateLabel.text = @"Pause Record";
[37]break;
[38]case kPausePlay:
[39]self.playButton.enabled = YES;
[40]self.recButton.enabled = NO;
[41]self.pauseButton.enabled = NO;
[42]self.stopButton.enabled = YES;
[43]self.stateLabel.text = @"Pause Play";
[44]break;
[45]case kStop:
[46]self.playButton.enabled = YES;
[47]self.recButton.enabled = YES;
[48]self.pauseButton.enabled = NO;
[49]self.stopButton.enabled = NO;
[50]self.stateLabel.text = @"Stop";
[51]break;
[52]default:
[53]break;
[54]}
[55]}
[56]-(void)didReceiveMemoryWarning
[57]{
[58][super didReceiveMemoryWarning];
[59]// Release any cached data, images, etc that aren't in use.
[60]}
[61]#pragma mark - View lifecycle
[62]-(void)viewDidLoad
[63]{
[64][super viewDidLoad];
[65]NSLog(@"%@", NSHomeDirectory());
[66]//初始状态为Stop
[67][self changeState:kStop];
[68]//指定录制的文件路径与URL
[69]NSArray * documentsArray = NSSearchPathForDirectoriesInDomains(

```objc
[70]NSDocumentDirectory, NSUserDomainMask, YES);
[71]NSString * documentsPath = [documentsArray lastObject];
[72]_recFilePath =
[73][[documentsPath stringByAppendingPathComponent:@"Rec.caf"] retain];
[74]_recFileURL = [[NSURL alloc] initFileURLWithPath:_recFilePath is
[75]Directory:NO];
[76]//指定录制参数
[77]NSDictionary * recordSettings = [[NSDictionary alloc] initWithObjects
[78]AndKeys:
[79][NSNumber numberWithInt:kAudioFormatAppleIMA4], AVFormatIDKey,
[80][NSNumber numberWithFloat:16000.0], AVSampleRateKey,
[81][NSNumber numberWithInt:1], AVNumberOfChannelsKey,
[82]nil];
[83]//生成 AVAudioRecorder 对象
[84]NSError * error = nil;
[85]_audioRecorder = [[AVAudioRecorder alloc]
[86]initWithURL:_recFileURL settings:recordSettings error:&error];
[87][recordSettings release];
[88]if(error)
[89]{
[90]NSLog(@"%@", [error description]);
[91]}
[92]}
[93]-(void)viewDidUnload
[94]{
[95]self.audioPlayer = nil;
[96]self.audioRecorder = nil;
[97][_recFileURL release];
[98][_recFilePath release];
[99][self setPlayButton:nil];
[100][self setRecButton:nil];
[101][self setPauseButton:nil];
[102][self setStopButton:nil];
[103][self setStateLabel:nil];
```

[104][super viewDidUnload];
[105]}
[106] -(void)viewWillAppear:(BOOL)animated
[107]{
[108][super viewWillAppear:animated];
[109]}
[110] -(void)viewDidAppear:(BOOL)animated
[111]{
[112][super viewDidAppear:animated];
[113]}
[114] -(void)viewWillDisAppear:(BOOL)animated
[115]{
[116][super viewWillDisAppear:animated];
[117]}
[118] -(void)viewDidDisAppear:(BOOL)animated
[119]{
[120][super viewDidDisAppear:animated];
[121]}
[122] -BOOL)shouldAutorotateToInterface
[123]Orientation:(UIInterfaceOrientation)interfaceOrientation
[124]{
[125]// Return YES for supported orientations
[126]return (interfaceOrientation ! = UIInterfaceOrientationPortraitUpsideDown);
[127]}
[128] -(void)dealloc
[129]{
[130]self.audioPlayer = nil;
[131]self.audioRecorder = nil;
[132][_recFileURL release];
[133][_recFilePath release];
[134][_playButton release];
[135][_recButton release];
[136][_pauseButton release];
[137][_stopButton release];

```
[138][_stateLabel release];
[139][super dealloc];
[140]}
[141]//AVAudioPlayer 的委托方法,在音频播放完毕之后调用
[142]-(void)audioPlayerDidFinishPlaying:(AVAudioPlayer *)player
[143]successfully:(BOOL)flag
[144]{
[145]//释放 AVAudioPlayer 对象
[146]self.audioPlayer = nil;
[147]//将状态置为停止状态
[148][self changeState:kStop];
[149]}
[150]-(IBAction)playButtonClicked:(id)sender
[151]{
[152]//从停止状态到播放状态时需要创建 AVAudioPlayer 对象
[153]//从暂停播放状态到播放状态无需创建
[154]if(_state == kStop)
[155]{
[156]BOOL isDirectory;
[157]//判断要播放的文件是否存在
[158]if(![[NSFileManager defaultManager] fileExistsAtPath:_recFilePath
[159]isDirectory:&isDirectory] || isDirectory)
[160]{
[161]return;
[162]}
[163]//新生成一个 AVAudioPlayer 对象
[164]NSError * error = nil;
[165]_audioPlayer = [[AVAudioPlayer alloc]
[166]initWithContentsOfURL:_recFileURL error:&error];
[167]if(error)
[168]{
[169]NSLog(@"%@",[error description]);
[170]return;
[171]}
```

[172]//指定委托对象
[173]self.audioPlayer.delegate = self;
[174]}
[175]//开始播放音频,或者继续播放暂停的音频
[176]if([self.audioPlayer play])
[177]{
[178]//开始播放之后,将状态置为正在播放
[179][self changeState:kPlaying];
[180]}
[181]}
[182]-(IBAction)pauseButtonClicked:(id)sender
[183]{
[184]//判断当前的状态
[185]if(_state == kPlaying)
[186]{
[187]//暂停播放
[188][self.audioPlayer pause];
[189]//将状态置为暂停播放
[190][self changeState:kPausePlay];
[191]}
[192]else if(_state == kRecording)
[193]{
[194]//暂停录制
[195][self.audioRecorder pause];
[196][self changeState:kPauseRec];
[197]}
[198]}
[199]-(IBAction)stopButtonClicked:(id)sender
[200]{
[201]//判断当前状态
[202]if(_state == kPlaying || _state == kPausePlay)
[203]{
[204]//停止播放音频
[205][self.audioPlayer stop];

[206]//释放 AVAudioPlayer 对象
[207]self. audioPlayer = nil;
[208]//将状态置为停止
[209][self changeState:kStop];
[210]}
[211]else if(_state == kRecording || _state == kPauseRec)
[212]{
[213]//停止录制音频
[214][self. audioRecorder stop];
[215]//将状态置为停止
[216][self changeState:kStop];
[217]}
[218]}
[219]-(IBAction)recButtonClicked:(id)sender
[220]{
[221]//开始录制或者恢复暂停的录制
[222]if([self. audioRecorder record])
[223]{
[224]//录制开始后,将状态置为正在录制
[225][self changeState:kRecording];
[226]}
[227]}
[228]@ end

编译运行程序之后,就可以对着 iPhone 进行录音并回放。

5.2.7 使用 Music Player Controller 播放媒体库音乐

由于沙箱的限制,应用程序不能读取 Home 目录之外的文件。但是用户希望能够一边使用程序,一边播放音乐库中的音乐。苹果公司提供了 MediaPlayer 框架,用于程序访问媒体库。

MediaPlayer 框架定义了很多类,下面介绍其中比较重要的类。

(1)MPMediaLibrary。MPMediaLibrary 类表示设备媒体库,包含所有经 iTunes 同步的媒体项的状态信息,可以从中获取和查询媒体项与播放列表。该类继承自 NSObject 类。

（2）MPMediaEntity。MPMediaEntity 表示设备媒体库中的一个实体,媒体库中的任何媒体都是一个 MPMediaEntity 对象。该类提供了一个类似字典的键值表（这里的每个键值对应为属性 Property,但是它与类的属性不是一个概念）,用于描述该对象的各种信息,例如艺术家名称、专辑名称、歌曲名称、音轨号等信息,也可以通过不同的键名获取对应的信息。该类继承自 NSObject 类,其子类可以是 MPMediaItem 或 MPMediaItemCollection。

（3）MPMediaItem。MPMediaItem 对象表示媒体库中的某一个媒体项（例如音乐、视频）,它具有唯一标识。该类继承自 MPMediaEntity 类。

（4）MPMediaItemCollection。MPMediaItemCollection 对象是媒体项的有序集合,可以在媒体库中执行查询,并将满足条件的媒体项放入该对象中。该类继承自 MPMediaEntity 类。

（5）MPMediaPlaylist。MPMediaPlayylist 对象表示媒体库中的一个播放列表,也具有唯一标识。MPMediaPlaylist 类继承自 MPMediaItemCollection 类,所以也是媒体项的集合。

（6）MPMediaQuery。MPMediaQuery 对象用于从媒体库中查询媒体项,该对象包含了查询结果分组方式以及用于查询的若干条件谓词。满足条件的媒体项会保存在 MPMediaItemCollection 对象中。该类继承自 NSObject 类。

（7）MPMusicPlayerController。MPMusicPlayerController 对象用于播放媒体项队列,可以对播放进行控制。它是一个媒体播放器,但是没有用户界面。该类继承自 NSObject 类,因此虽然其类名以 Controller 结尾,但并不是视图控制类。

（8）MPMediaPickerController。MPMediaPickerController 对象是一个视图控制器,其视图是 iOS 中音乐程序的歌曲标签页。一般都是创建 MPMediaPickerController 对象之后,将其以模式视图控制器的形式显示在当前视图之上,这样用户就能够从中选取媒体项。它可以限制用户选取的媒体类型（例如用户只能选取音乐、视频）。另外,还可使用委托模式,当用户选完媒体项之后,其委托对象能够接收到通知。该类继承自 UIViewController 类。

以上就是 MediaPlayer 框架中比较重要的几个类。使用 MediaPlayer 框架访问媒体库的过程如下。

- 创建 MPMediaPickerController 视图控制器,并设置选取类型。

[1]MPMediaPickerController * picker = [[MPMediaPickerController alloc]
[2]initWithMediaTypes:MPMediaTypeAnyAudio];

其中初始化方法的参数是一个 MPMediaType 类型的枚举值,用于限定用户可选的媒体项。在 iOS 4 中只能是声音,而 iOS 5 中添加了对视频的支持。
- 获取 MPMusicPlayerController 对象。

[1]//获取系统全局媒体播放器
[2]MPMusicPlayerController * player = [MPMusicPlayerController iPodMusicPlayer];

或者:

[1]//获取应用程序媒体播放器
[2]MPMusicPlayerController * player =
[3][MPMusicPlayerController ApplicationMusicPlayer];

获取 MPMusicPlayerController 对象可以有以上两种方式,即上述代码所示。

iPodMusicPlayer 类方法返回的是系统的全局媒体播放器,该播放器可以反映系统音乐程序中的播放器状态。全局播放器不受当前应用程序状态的影响,当程序退出后不影响该播放器的状态。

ApplicationMusicPlayer 类方法返回的媒体播放器对象,其可以与系统全局播放器的行为不同,当程序退到后台时停止播放,当程序退出后恢复系统音乐程序中的播放器状态。

- 创建一个实现 MPMediaPickerControllerDelegate 协议的委托类,并实现委托方法。

MPMediaPickerControllerDelegate 协议定义代码如下。

[1]@ protocol MPMediaPickerControllerDelegate < NSObject >
[2]@ optional
[3](void)mediaPicker:(MPMediaPickerController *)MediaPicker:
[4]didPickMediaItems:(MPMediaItemCollection *)MediaItemCollection;
[5](void)mediaPickerDidCancel:(MPMediaPickerController *)mediaPicker;
[6]@ end

其中"mediaPicker:didPickMediaItems:"方法会在用户完成选择时调用,参数 mediaItemCollection 包含了所有用户选择的媒体项,程序可以在该方法内播放这些媒体项。注意在用户完成选择后,MPMediaPickerController 视图控制器并不会自动消失,需要在该方法中调用"dismissModalViewControllerAnimated:"方法以关闭模式视图控制器。

"mediaPickerDidCancel:"方法会在用户点击 Cancel 按钮后调用。
- 设置 MPMediaPickerController 视图控制器的委托对象。

[1][picker setDelegate:mediaPickerControllerDelegate];

- 将 MPMediaPickerController 视图控制器以模式方式显示。

[1][self presentModalViewController:picker animated:YES];

- 释放 MPMediaPickerController 视图控制器。

[1][picker release];

5.2.8 播放媒体库音乐

图 5.4 左图所示为创建媒体库音乐播放程序的播放界面。由于模拟器中没有媒体库，所以这个程序只能够在真机上运行。程序允许用户从媒体库中选择要播放的文件。

创建一个单一视图应用程序，并添加 MediaPlayer.Framework 框架到项目中。将播放器按钮图片复制添加到项目中，一共是 6 个 png 图片。然后打开 ViewController.xib | Ch08 MediaLibraryViewController.xib，将视图 View 的背景色改为白色。拖放 9 个文本标签、1 个图片视图和 6 个按钮到界面设计器中。按钮的类型为 Custom，大小为 64×64，和 Ch08_AudioRecorder 中的按钮样式完全一样。图片视图的尺寸为 150×150。按照图 5.4 左图所示将所有控件拖放到合适的位置，设计器如图 5.5 所示。

在程序的主视图控制器类中，需要定义两个属性，分别是 MPMusicPlayerController 媒体播放器与 MPMediaPickerController 视图控制器。同时，该类实现 MPMediaPickerController 视图控制器的委托协议，包含委托方法的定义。

在界面方面，程序需要在音乐播放时显示专辑名称、艺术家名称、音轨编号、音乐标题以及专辑图片，所以需要创建界面右上方的 4 个文本标签以及图片视图的对象关联，然后还需要创建 6 个播放器控制按钮的事件关联，代码如下。

5 多媒体

图 5.4　音乐播放程序的界面

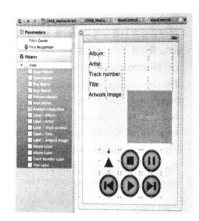

图 5.5　程序界面设计图

[1]添加 MediaPlayer 框架头文件
[2]#import ＜MediaPlayer/MediaPlayer.h＞
[3]@interface ViewController：UIViewController ＜MPMediaPickerController
[4]Delegate＞
[5]@property（nonatomic，assign）MPMusicPlayerController * musicPlayer；
[6]@property（nonatomic，retain）MPMediaPickerController * mediaPicker
[7]Controller；
[8]-（IBAction）openButtonClick：（id）sender；
[9]-（IBAction）stopButtonClick：（id）sender；
[10]-（IBAction）pauseButtonClick：（id）sender；
[11]-（IBAction）previousButtonClick：（id）sender；
[12]-（IBAction）playButtonClick：（id）sender；
[13]-（IBAction）nextButtonClick：（id）sender；
[14]@property（retain，nonatomic）IBOutlet UIImageView * artworkImageView；
[15]@property（retain，nonatomic）IBOutlet UILabel * albumLabel；
[16]@property（retain，nonatomic）IBOutlet UILabel * artistLabel；
[17]@property（retain，nonatomic）IBOutlet UILabel * trackNumberLabel；
[18]@property（retain，nonatomic）IBOutlet UILabel * titleLabel；
[19]@end

程序需要在加载完视图时创建 MPMusicPlayerController 播放器对象与 MPMediaPlcler Controller 视图控制器，代码如下。

[1]#import "ViewController.h"
[2]@implementation ViewController
[3]@synthesize artworkImageView = _artworkImageView;
[4]@synthesize albumLabel = _albumLabel;
[5]@synthesize artistLabel = _artistLabel;
[6]@synthesize trackNumberLabel = _trackNumberLabel;
[7]@synthesize titleLabel = _titleLabel;
[8]@synthesize musicPlayer = _musicPlayer;
[9]@synthesize mediaPickerController = _mediaPickerController;
[10] -(void)dealloc
[11]{
[12]self.musicPlayer = nil;
[13]self.mediaPickerController = nil;
[14][_artworkImageView release];
[15][_albumLabel release];
[16][_artistLabel release];
[17][_trackNumberLabel release];
[18][_titleLabel release];
[19][super dealloc];
[20]}
[21] -(void)didReceiveMemoryWarning
[22]{
[23][super didReceiveMemoryWarning];
[24]}
[25] -(IBAction)openButtonClick:(id)sender
[26]{
[27][self presentModalViewController:self.mediaPickerController animated:YES];
[28]}
[29] -(void)mediaPicker:(MPMediaPickerController *)mediaPicker didPick
[30]MediaItems:(MPMediaItemCollection *)mediaItemCollection
[31]{
[32]//将用户所选的媒体项添加至播放器队列中
[33][_musicPlayer setQueueWithItemCollection:mediaItemCollection];
[34]//关闭MPMediaPickerController视图控制器

[35][_mediaPickerController dismissModalViewControllerAnimated:YES];
[36]}
[37] -(void)mediaPickerDidCancel:(MPMediaPickerController *)mediaPicker
[38]{
[39]//关闭 MPMediaPickerController 视图控制器
[40][_mediaPickerController dismissModalViewControllerAnimated:YES];
[41]}
[42] -(void)refreshInterface
[43]{
[44]//获取播放器当前播放媒体项
[45]MPMediaItem * mediaItem = self.musicPlayer.nowPlayingItem;
[46]//根据键名查询出对应的属性的值
[47]//媒体类型(音频、视频、有声书籍等等)
[48]MPMediaType mediaItemType =
[49][[mediaItem valueForProperty:MPMediaItemPropertyMediaType]
[50]unsignedIntValue];
[51]//标题
[52]NSString * mediaItemTitle =
[53][mediaItem valueForProperty:MPMediaItemPropertyTitle];
[54]//艺术家
[55]NSString * mediaItemArtist =
[56][mediaItem valueForProperty:MPMediaItemPropertyArtist];
[57]//专辑名
[58]NSString * mediaItemAlbumTitle =
[59][mediaItem valueForProperty:MPMediaItemPropertyAlbumTitle];
[60]//音轨号
[61]NSUInteger mediaItemTrackNumber =
[62][[mediaItem valueForProperty:MPMediaItemPropertyAlbumTrackNumber]
[63]unsignedIntValue];
[64]//专辑图片信息
[65]MPMediaItemArtwork * mediaItemArtwork =
[66][mediaItem valueForProperty:MPMediaItemPropertyArtwork];
[67]//媒体库 URL
[68]NSURL * mediaItemURL =

[69] [mediaItem valueForProperty:MPMediaItemPropertyAssetURL];
[70] //将媒体信息打印到控制台
[71] printf("------------------------\n");
[72] printf("Media Type = %s\n", mediaItemType == 1?"Music":"Other");
[73] printf("Media Item Album Title = %s\n", [mediaItemAlbumTitle
[74] UTF8String]);
[75] printf("Media Item Artist = %s\n", [mediaItemArtist UTF8String]);
[76] printf("Media Item Track Number = %d\n", mediaItemTrackNumber);
[77] printf("Media Item Title = %s\n", [mediaItemTitle UTF8String]);
[78] printf("Media Item Artwork = %s\n", [[mediaItemArtwork description]
[79] UTF8String]);
[80] printf("Media Item URL = %s\n", [[mediaItemURL description]
[81] UTF8String]);
[82] //刷新界面
[83] self.albumLabel.text = mediaItemAlbumTitle;
[84] self.artistLabel.text = mediaItemArtist;
[85] self.trackNumberLabel.text = [NSString stringWithFormat:@"%d",
[86] mediaItemTrackNumber];
[87] self.titleLabel.text = mediaItemTitle;
[88] self.artworkImageView.image =
[89] [mediaItemArtwork imageWithSize:CGSizeMake(150, 150)];
[90] }
[91] - (IBAction)stopButtonClick:(id)sender
[92] {
[93] [self.musicPlayer stop];
[94] }
[95] - (IBAction)pauseButtonClick:(id)sender
[96] {
[97] [self.musicPlayer pause];
[98] }
[99] - (IBAction)previousButtonClick:(id)sender
[100] {
[101] [self.musicPlayer skipToPreviousItem];
[102] [self refreshInterface];

```
[103]}
[104]-(IBAction)playButtonClick:(id)sender
[105]{
[106]   [self.musicPlayer play];
[107]   [self refreshInterface];
[108]}
[109]-(IBAction)nextButtonClick:(id)sender
[110]{
[111]   [self.musicPlayer skipToNextItem];
[112]   [self refreshInterface];
[113]}
[114]-(MPMediaQuery *)getQueryByAlbumTitle:(NSString *)albumTitle
[115]{
[116]   //指定分组方式为按专辑分组
[117]   MPMediaQuery * mediaQuery = [MPMediaQuery albumsQuery];
[118]   //指定条件谓词为指定的专辑名称
[119]   MPMediaPropertyPredicate * mediaPropertyPredicate =
[120]   [MPMediaPropertyPredicate predicateWithValue:albumTitle
[121]   forProperty:MPMediaItemPropertyAlbumTitle
[122]   comparisonType:MPMediaPredicateComparisonEqualTo];
[123]   //将条件谓词应用到查询对象中
[124]   [mediaQuery addFilterPredicate:mediaPropertyPredicate];
[125]   return mediaQuery;
[126]}
[127]#pragma mark - View lifecycle
[128]-(void)viewDidLoad
[129]{
[130]   [super viewDidLoad];
[131]   if(! self.musicPlayer)
[132]   {
[133]       //获取系统全局播放器
[134]       self.musicPlayer = [MPMusicPlayerController iPodMusicPlayer];
[135]   }
[136]   if(! self.mediaPickerController)
```

```
[137]{
[138]//创建一个MPMediaPickerController视图控制器,限定类型为音乐
[139]_mediaPickerController = [[MPMediaPickerController alloc]
[140]initWithMediaTypes:MPMediaTypeAnyAudio];
[141]//允许选择多个项目
[142]_mediaPickerController.allowsPickingMultipleItems = YES;
[143]//指定委托对象
[144]_mediaPickerController.delegate = self;
[145]}
[146][_musicPlayer setQueueWithQuery:[self getQueryByAlbumTitle:
[147]@"Midi Power Pro6 悪魔城ドラキュラX 月下の夜想曲"]];
[148]}
[149] - (void)viewDidUnload
[150]{
[151][super viewDidUnload];
[152][self setArtworkImageView:nil];
[153][self setAlbumLabel:nil];
[154][self setArtistLabel:nil];
[155][self setTrackNumberLabel:nil];
[156][self setTitleLabel:nil];
[157]}
[158] - (void)viewWillAppear:(BOOL)animated
[159]{
[160][super viewWillAppear:animated];
[161]}
[162] - (void)viewDidAppear:(BOOL)animated
[163]{
[164][super viewDidAppear:animated];
[165]}
[166] - (void)viewWillDisAppear:(BOOL)animated
[167]{
[168][super viewWillDisAppear:animated];
[169]}
[170] - (void)viewDidDisAppear:(BOOL)animated
```

[171]{
[172][super viewDidDisAppear:animated];
[173]}
[174]-(BOOL)shouldAutorotateToInterfaceOrientation:(UIInterfaceOrientation)
[175]interfaceOrientation
[176]{
[177]// Return YES for supported orientations
[178]return (interfaceOrientation ! = UIInterfaceOrientationPortraitUpsideDown);
[179]}
[180]@ end

5.3 视频

5.3.1 使用 MPMoviePlayerController

在 iOS 中播放视频可以使用 MediaPlayer.Framework 中的 MPMoviePlayerController 类来完成，它支持本地视频和网络视频播放。这个类实现了 MPMediaPlayback 协议，因此具备一般的播放器控制功能，例如播放、暂停、停止等。但是 MPMediaPlayerController 自身并不是一个完整的视图控制器，如果要在 UI 中展示视频需要将 view 属性添加到界面中。

注意 MPMediaPlayerController 的状态等信息并不是通过代理和外界交互的，而是通过通知中心完成的。由于 MPMoviePlayerController 本身对媒体播放做了深度地封装，使用起来比较简单。创建 MPMoviePlayerController 对象时，可以设置 Frame 属性，将 MPMoviePlayerController 的 view 添加到控制器视图中。下面的示例中将创建一个播放控制器并添加播放状态改变及播放完成的通知，代码如下。

[1]#import "ViewController.h"
[2]#import <MediaPlayer/MediaPlayer.h>
[3]@ interface ViewController ()
[4]@ property (nonatomic,strong) MPMoviePlayerController * moviePlayer;
[5]//视频播放控制器
[6]@ end
[7]@ implementation ViewController

[8]#pragma mark//控制器视图方法
[9] -(void)viewDidLoad{
[10][super viewDidLoad];
[11]//播放
[12][self.moviePlayer play];
[13]//添加通知
[14][self addNotification];
[15]}
[16] -(void)dealloc{
[17]//移除所有通知监控
[18][[NSNotificationCenter defaultCenter] removeObserver:self];
[19]}
[20]#pragma mark//私有方法
[21]/*
[22]取得本地文件路径
[23]@return 文件路径
[24]*/
[25] -(NSURL *)getFileUrl{
[26]NSString *urlStr=[[NSBundle mainBundle] pathForResource:@"The
[27]New Look of OS X Yosemite.mp4" ofType:nil];
[28]NSURL *url=[NSURL fileURLWithPath:urlStr];
[29]return url;
[30]}
[31]/*
[32]取得网络文件路径
[33]@return 文件路径
[34]*/
[35] -(NSURL *)getNetworkUrl{
[36]NSString *urlStr=@"http://192.168.1.161/The New Look of OS X
[37]Yosemite.mp4";
[38]urlStr=[urlStr stringByAddingPercentEscapesUsingEncoding:NSUTF8String
[39]Encoding];
[40]NSURL *url=[NSURL URLWithString:urlStr];
[41]return url;

[42]}
[43]/*
[44]创建媒体播放控制器
[45]@return 媒体播放控制器
[46]*/
[47]-(MPMoviePlayerController *)moviePlayer{
[48]if(!_moviePlayer){
[49]NSURL *url=[self getNetworkUrl];
[50]_moviePlayer=[[MPMoviePlayerController alloc]initWithContentURL:url];
[51]_moviePlayer.view.frame=self.view.bounds;
[52]_moviePlayer.view.autoresizingMask=UIViewAutoresizingFlexibleWidth|
[53]UIViewAutoresizingFlexibleHeight;
[54][self.view addSubview:_moviePlayer.view];
[55]}
[56]return _moviePlayer;
[57]}
[58]/*
[59]添加通知监控媒体播放控制器状态
[60]*/
[61]-(void)addNotification{
[62]NSNotificationCenter *notificationCenter=[NSNotificationCenter default
[63]Center];
[64][notificationCenter addObserver:self selector:@selector(mediaPlayer
[65]PlaybackStateChange:) name:MPMoviePlayerPlaybackStateDidChange
[66]Notification object:self.moviePlayer];
[67][notificationCenter addObserver:self selector:@selector(mediaPlayer
[68]PlaybackFinished:) name:MPMoviePlayerPlaybackDidFinishNotification
[69]object:self.moviePlayer];
[70]}
[71]/*
[72]播放状态改变,注意播放完成时的状态是暂停
[73]@param notification 通知对象
[74]*/
[75]-(void)mediaPlayerPlaybackStateChange:(NSNotification *)notification{

[76]switch（self.moviePlayer.playbackState）{
[77]case MPMoviePlaybackStatePlaying：
[78]NSLog(@"正在播放..."）;
[79]break;
[80]case MPMoviePlaybackStatePaused：
[81]NSLog(@"暂停播放."）;
[82]break;
[83]case MPMoviePlaybackStateStopped：
[84]NSLog(@"停止播放."）;
[85]break;
[86]default：
[87]NSLog(@"播放状态:%li",self.moviePlayer.playbackState）;
[88]break;
[89]}
[90]}
[91]/*
[92]播放完成
[93]@param notification 通知对象
[94]*/
[95]-（void）mediaPlayerPlaybackFinished：(NSNotification *)notification{
[96]NSLog(@"播放完成.%li",self.moviePlayer.playbackState）;
[97]}
[98]@end

从上面的代码中不难看出 MPMoviePlayerController 功能相当强大，日常开发中作为一般的媒体播放器也完全没有问题。MPMoviePlayerController 除了一般的视频播放和控制外还有一些更强大的功能，例如截取视频缩略图。请求视频缩略图时只要调用 -（void）requestThumbnailImagesAtTimes：(NSArray *)playbackTimes timeOption：(MPMovieTimeOption)option 方法指定获得缩略图的时间点，然后监控 MPMoviePlayerThumbnailImageRequestDidFinishNotification 通知，每个时间点的缩略图请求完成就会调用通知，在通知调用方法中可以通过 MPMoviePlayerThumbnailImageKey 获得 UIImage 对象处理即可。例如下面的程序演示了在程序启动后获得两个时间点的缩略图的过程，截图成功后保存到相册，代码如下。

```
[1]#import "ViewController.h"
[2]#import <MediaPlayer/MediaPlayer.h>
[3]@interface ViewController()
[4]@property(nonatomic,strong) MPMoviePlayerController *moviePlayer;
[5]//视频播放控制器
[6]@end
[7]@implementation ViewController
[8]#pragma mark//控制器视图方法
[9]-(void)viewDidLoad{
[10][super viewDidLoad];
[11]//播放
[12][self.moviePlayer play];
[13]//添加通知
[14][self addNotification];
[15]//获取缩略图
[16][self thumbnailImageRequest];
[17]}
[18]-(void)dealloc{
[19]//移除所有通知监控
[20][[NSNotificationCenter defaultCenter] removeObserver:self];
[21]}
[22]#pragma mark//私有方法
[23]/*
[24]取得本地文件路径
[25] * @return 文件路径
[26] */
[27]-(NSURL *)getFileUrl{
[28]NSString *urlStr=[[NSBundle mainBundle] pathForResource:@"The
[29]New Look of OSX Yosemite.mp4" ofType:nil];
[30]NSURL *url=[NSURL fileURLWithPath:urlStr];
[31]return url;
[32]}
[33]/**
[34] *取得网络文件路径
```

[35]@return 文件路径
[36]*/
[37]-(NSURL *)getNetworkUrl{
[38]NSString *urlStr=@"http://192.168.1.161/The New Look of OS X
[39]Yosemite.mp4";
[40]urlStr=[urlStr stringByAddingPercentEscapesUsingEncoding:NSUTF8String
[41]Encoding];
[42]NSURL *url=[NSURL URLWithString:urlStr];
[43]return url;
[44]}
[45]/**
[46]创建媒体播放控制器
[47]@return 媒体播放控制器
[48]*/
[49]-(MPMoviePlayerController *)moviePlayer{
[50]if(!_moviePlayer){
[51]NSURL *url=[self getNetworkUrl];
[52]_moviePlayer=[[MPMoviePlayerController alloc]initWithContentURL:url];
[53]_moviePlayer.view.frame=self.view.bounds;
[54]_moviePlayer.view.autoresizingMask=UIViewAutoresizingFlexibleWidth|
[55]UIViewAutoresizingFlexibleHeight;
[56][self.view addSubview:_moviePlayer.view];
[57]}
[58]return _moviePlayer;
[59]}
[60]/**
[61]* 获取视频缩略图
[62]*/
[63]-(void)thumbnailImageRequest{
[64]//获取13.0s,21.5s的缩略图
[65][self.moviePlayer requestThumbnailImagesAtTimes:@[@13.0,@21.5]
[66]timeOption:MPMovieTimeOptionNearestKeyFrame];
[67]}
[68]#pragma mark -控制器通知

```
[69]/**
[70] * 添加通知监控媒体播放控制器状态
[71] */
[72] -(void)addNotification{
[73] NSNotificationCenter *notificationCenter = [NSNotificationCenter default
[74] Center];
[75] [notificationCenter addObserver:self selector:@selector(mediaPlayer
[76] PlaybackStateChange:) name:MPMoviePlayerPlaybackStateDidChange
[77] Notification object:self.moviePlayer];
[78] [notificationCenter addObserver:self selector:@selector(mediaPlayer
[79] PlaybackFinished:) name:MPMoviePlayerPlaybackDidFinishNotification
[80] object:self.moviePlayer];
[81] [notificationCenter addObserver:self selector:@selector(mediaPlayerThumbnail
[82] RequestFinished:) name:MPMoviePlayerThumbnailImageRequestDidFinish
[83] Notification object:self.moviePlayer];
[84] }
[85] /**
[86] * 播放状态改变,注意播放完成时的状态是暂停
[87] *   @param notification 通知对象
[88] */
[89] -(void)mediaPlayerPlaybackStateChange:(NSNotification *)notification{
[90] switch (self.moviePlayer.playbackState) {
[91] case MPMoviePlaybackStatePlaying:
[92] NSLog(@"正在播放...");
[93] break;
[94] case MPMoviePlaybackStatePaused:
[95] NSLog(@"暂停播放.");
[96] break;
[97] case MPMoviePlaybackStateStopped:
[98] NSLog(@"停止播放.");
[99] break;
[100] default:
[101] NSLog(@"播放状态:%li",self.moviePlayer.playbackState);
[102] break;
```

[103]}
[104]}
[105]/**
[106] * 播放完成
[107] *   @param notification 通知对象
[108] */
[119] -(void)mediaPlayerPlaybackFinished:(NSNotification *)notification{
[120] NSLog(@"播放完成.%li",self.moviePlayer.playbackState);
[121]}
[122]/**
[123] * 缩略图请求完成,此方法每次截图成功都会调用一次
[124] *   @param notification 通知对象
[125] */
[126] -(void)mediaPlayerThumbnailRequestFinished:(NSNotification *)
[127] notification{
[128] NSLog(@"视频截图完成");
[129] UIImage *image = notification.userInfo[MPMoviePlayerThumbnailImageKey];
[130] //保存图片到相册(首次调用会请求用户获得访问相册权限)
[131] UIImageWriteToSavedPhotosAlbum(image,nil,nil,nil);
[132]}
[133]@end

效果如图 5.6 所示。

5.3.2　使用 AVFoundation 生成缩略图

通过前面的方法可以看到,使用 MPMoviePlayerController 来生成缩略图足够简单,但是如果仅仅是为了生成缩略图而不进行视频播放的话,此时使用 MPMoviePlayerController 就大材小用了。其实使用 AVFoundation 框架中的 AVAssetImageGenerator 就可以获取视频缩略图。使用 AVAssetImageGenerator 获取缩略图大致分为三个步骤。

（1）创建 AVURLAsset 对象（此类主要用于获取媒体信息,包括视频、声音等）。
（2）根据 AVURLAsset 创建 AVAssetImageGenerator 对象。
（3）使用 AVAssetImageGenerator 的"copyCGImageAtTime::"方法获得指定时间点的截图。

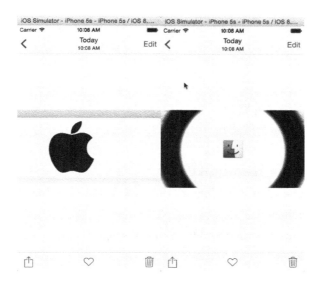

图 5.6 缩略图效果

代码如下。

[1]#import "ViewController. h"
[2]#import <AVFoundation/AVFoundation. h>
[3]@ interface ViewController ( )
[4]@ end
[5]@ implementation ViewController
[6] – (void) viewDidLoad {
[7][super viewDidLoad];
[8]//获取 13.0s 的缩略图
[9][self thumbnailImageRequest:13.0];
[10]}
[11]#pragma mark – 私有方法
[12]/ * *
[13] * 取得本地文件路径
[14] *   @ return 文件路径
[15] * /
[16] – (NSURL *)getFileUrl{
[17]NSString * urlStr = [[NSBundle mainBundle] pathForResource:@ "The
[18]New Look of OS X Yosemite. mp4" ofType:nil];

[19]NSURL *url = [NSURL fileURLWithPath:urlStr];
[20]return url;
[21]}
[22]/**
[23]*取得网络文件路径
[24]* @return 文件路径
[25]*/
[26]-(NSURL *)getNetworkUrl{
[27]NSString *urlStr = @"http://192.168.1.161/The New Look of OS X
[28]Yosemite.mp4";
[29]urlStr = [urlStr stringByAddingPercentEscapesUsingEncoding:NSUTF8String
[30]Encoding];
[31]NSURL *url = [NSURL URLWithString:urlStr];
[32]return url;
[33]}
[34]/**
[35]*截取指定时间的视频缩略图
[36]* @param timeBySecond 时间点
[37]*/
[38]-(void)thumbnailImageRequest:(CGFloat)timeBySecond{
[39]//创建URL
[40]NSURL *url = [self getNetworkUrl];
[41]//根据url创建AVURLAsset
[42]AVURLAsset *urlAsset = [AVURLAsset assetWithURL:url];
[43]//根据AVURLAsset创建AVAssetImageGenerator
[44]AVAssetImageGenerator *imageGenerator = [AVAssetImageGenerator asset
[45]ImageGeneratorWithAsset:urlAsset];
[46]/*截图
[47]* requestTime:缩略图创建时间
[48]* actualTime:缩略图实际生成的时间
[49]*/
[50]NSError *error = nil;
[51]CMTime time = CMTimeMakeWithSeconds(timeBySecond,10);
[52]/*CMTime表示电影时间信息的结构体,第一个参数表示视频

[53]第几秒,第二个参数表示每秒帧数(如果要某一秒的第几帧
[54]可以使用CMTimeMake方法)*/
[55]CMTime actualTime;
[56]CGImageRef cgImage = [imageGenerator copyCGImageAtTime:time actual
[57]Time:&actualTime error:&error];
[58]if(error){
[59]NSLog(@"截取视频缩略图时发生错误,错误信息:%@",error.
[60]localizedDescription);
[61]return;
[62]}
[63]CMTimeShow(actualTime);
[64]UIImage * image = [UIImage imageWithCGImage:cgImage];//转化为UIImage
[65]//保存到相册
[66]UIImageWriteToSavedPhotosAlbum(image,nil, nil, nil);
[67]CGImageRelease(cgImage);
[68]}
[69]@end

生成的缩略图效果如图5.7所示。

图5.7 缩略图效果

5.3.3 MPMoviePlayerViewController

MPMoviePlayerController 如果不作为嵌入视频来播放（例如在新闻中嵌入一个视频），通常在播放时都是占满整个屏幕的，特别是在 iPhone,iTouch 上。苹果公司认为既然 MPMoviePlayerController 在使用时通常都是将其视图 view 添加到另外一个视图控制器中作为子视图，那么何不直接在控制器视图内部创建一个 MPMoviePlayerController 属性并且默认全屏播放，开发者在开发的时候直接使用这个视图控制器即可。这个内部有一个 MPMoviePlayerController 的视图控制器就是 MPMoviePlayerViewController，它继承自 UIViewController。

MPMoviePlayerViewController 内部多了一个 moviePlayer 属性和一个带有 URL 的初始化方法，同时其内部实现了一些作为模态视图展示所特有的功能，例如默认是全屏模式展示、弹出后自动播放、作为模态窗口展示时如果点击"Done"按钮会自动退出模态窗口。在下面的示例中不直接将播放器放到主视图控制器，而是放到一个模态视图控制器中，简单演示 MPMoviePlayerViewController 的使用，代码如下。

[1]#import "ViewController.h"
[2]#import <MediaPlayer/MediaPlayer.h>
[3]@interface ViewController ()
[4]//播放器视图控制器
[5]@property (nonatomic,strong) MPMoviePlayerViewController *movie
[6]PlayerViewController;
[7]@end
[8]@implementation ViewController
[9]#pragma mark//控制器视图方法
[10] -(void)viewDidLoad{
[11] [super viewDidLoad];
[12]}
[13] -(void)dealloc{
[14]//移除所有通知监控
[15] [[NSNotificationCenter defaultCenter] removeObserver:self];
[16]}
[17]#pragma mark//私有方法
[18]/**

[19]*取得本地文件路径
[20]*   @return 文件路径
[21]*/
[22]-(NSURL *)getFileUrl{
[23]NSString *urlStr=[[NSBundle mainBundle]pathForResource:@"The
[24]New Look of OS X Yosemite.mp4" ofType:nil];
[25]NSURL *url=[NSURL fileURLWithPath:urlStr];
[26]return url;
[27]}
[28]/* *
[29]*取得网络文件路径
[30]*   @return 文件路径
[31]*/
[32]-(NSURL *)getNetworkUrl{
[33]NSString *urlStr=@"http://192.168.1.161/The New Look of OS X
[34]Yosemite.mp4";
[35]urlStr=[urlStr stringByAddingPercentEscapesUsingEncoding:NSUTF8String
[36]Encoding];
[37]NSURL *url=[NSURL URLWithString:urlStr];
[38]return url;
[39]}
[40]-(MPMoviePlayerViewController *)moviePlayerViewController{
[41]if(!_moviePlayerViewController){
[42]NSURL *url=[self getNetworkUrl];
[43]_moviePlayerViewController=[[MPMoviePlayerViewController alloc]init
[44]WithContentURL:url];
[45][self addNotification];
[46]}
[47]return _moviePlayerViewController;
[48]}
[49]#pragma mark//UI 事件
[50]-(IBAction)playClick:(UIButton *)sender{
[51]self.moviePlayerViewController=nil;/*保证每次点击都重新创建视频播放
[52]控制器视图,避免再次点击时发生不播放的问题*/

[53][self presentViewController:self.moviePlayerViewController animated:
[54]YES completion:nil];
[55]/*注意,在 MPMoviePlayerViewController.h 中对 UIViewController 扩展
[56]两个用于模态展示和关闭 MPMoviePlayerViewController 的方法,增加了
[57]一种下拉展示动画效果*/
[58][self presentMoviePlayerViewControllerAnimated:self.moviePlayerViewController];
[59]}
[60]#pragma mark//控制器通知
[61]/**
[62]添加通知监控媒体播放控制器状态
[63]*/
[64] -(void)addNotification{
[65]NSNotificationCenter *notificationCenter = [NSNotificationCenter default
[66]Center];
[67][notificationCenter addObserver:self selector:@selector(mediaPlayer
[68]PlaybackStateChange:) name:MPMoviePlayerPlaybackStateDidChange
[69]Notification object:self.moviePlayerViewController.moviePlayer];
[70][notificationCenter addObserver:self selector:@selector(mediaPlayer
[71]PlaybackFinished:) name:MPMoviePlayerPlaybackDidFinishNotification
[72]object:self.moviePlayerViewController.moviePlayer];
[73]}
[74]/**
[75]播放状态改变,注意播放完成时的状态是暂停
[76]@param notification 通知对象
[77]*/
[78] -(void)mediaPlayerPlaybackStateChange:(NSNotification *)notification{
[79]switch (self.moviePlayerViewController.moviePlayer.playbackState) {
[80]case MPMoviePlaybackStatePlaying:
[81]NSLog(@"正在播放...");
[82]break;
[83]case MPMoviePlaybackStatePaused:
[84]NSLog(@"暂停播放");
[85]break;
[86]case MPMoviePlaybackStateStopped:

[87]NSLog(@"停止播放");
[88]break;
[89]default:
[90]NSLog(@"播放状态:%li",self.moviePlayerViewController.moviePlayer.
[91]playbackState);
[92]break;
[93]}
[94]}
[95]/**
[96]播放完成
[97]@param notification 通知对象
[98]*/
[99] -(void)mediaPlayerPlaybackFinished:(NSNotification *)notification{
[100]NSLog(@"播放完成%li",self.moviePlayerViewController.moviePlayer.
[101]playbackState);
[102]}
[103]@end

这里需要强调,由于 MPMoviePlayerViewController 的初始化方法做了大量工作(例如设置 URL、自动播放、添加点击 Done 完成的监控等),所以当再次点击播放弹出新的模态窗口时如果不销毁之前的 MPMoviePlayerViewController,新的对象就无法完成初始化,这样就不能再次进行播放。

5.3.4 AVPlayer

MPMoviePlayerController 足够强大,几行代码就能完成一个播放器,但是正是由于其高度封装使得自定义这个播放器变得很复杂,甚至不可能完成。例如有些时候需要自定义播放器的样式,使用 MPMoviePlayerController 不合适,如果要对视频自由地控制则可以使用 AVPlayer。AVPlayer 存在于 AVFoundation 中,其更加接近于底层,所以灵活性也更强。

AVPlayer 本身并不能显示视频,而且也不像 MPMoviePlayerController 有一个 view 属性。如果 AVPlayer 要显示必须创建一个播放器层 AVPlayerLayer 用于展示,播放器层继承于 CALayer,有了 AVPlayerLayer 后添加到控制器视图的 Layer 中即可。使用 AVPlayer 前首先介绍几个常用的类。

(1) AVAsset:主要用于获取多媒体信息,是一个抽象类,不能直接使用。

（2）AVURLAsset：AVAsset 的子类，可以根据一个 URL 路径创建一个包含媒体信息的 AVURLAsset 对象。

（3）AVPlayerItem：一个媒体资源管理对象，可管理视频的一些基本信息和状态，一个 AVPlayerItem 对应一个视频资源。

前文所述自定义的播放器中实现了视频播放、暂停、进度展示和视频列表功能，下面将对这些功能一一介绍。

首先介绍视频的播放、暂停功能，这也是最基本的功能，AVPlayer 利用两个方法 play，pause 来实现。但关键问题是如何判断当前视频是否在播放，在前面的内容中无论是音频播放器还是视频播放器都有对应的状态来判断，但是 AVPlayer 却没有这样的状态属性，通常情况下可以通过判断播放器的播放速度来获得播放状态。如果 rate 为 0 说明是停止状态，1 则是正常播放状态。

其次要展示播放进度就没有其他播放器那么简单。在前面的播放器中通常是使用通知来获得播放器的状态、媒体加载状态等，但是无论是 AVPlayer 还是 AVPlayerItem（AVPlayer 有一个属性 currentItem 是 AVPlayerItem 类型，表示当前播放的视频对象）都无法获得这些信息。当然 AVPlayerItem 是有通知的，但是对于获得播放状态和加载状态有用的通知只有一个：播放完成通知 AVPlayerItemDidPlayToEndTimeNotification。在播放视频时，特别是播放网络视频往往需要知道视频加载情况、缓冲情况、播放情况，这些信息可以通过 KVO 监控 AVPlayerItem 的 status，loadedTimeRanges 属性来获得。当 AVPlayerItem 的 status 属性为 AVPlayerStatusReadyToPlay 时说明正在播放，只有处于这个状态时才能获得视频时长等信息；当 loadedTimeRanges 改变时（每缓冲一部分数据就会更新此属性）可以获得本次缓冲加载的视频范围（包含起始时间、本次加载时长），这样就可以实时获得缓冲情况。然后就是依靠 AVPlayer 的 - (id) addPeriodicTimeObserverForInterval:(CMTime) interval queue:(dispatch_queue_t) queue usingBlock:(void (^)(CMTime time)) block 方法获得播放进度，这个方法会在设定的时间间隔内定时更新播放进度，通过 time 参数通知客户端。有了这些视频信息显示播放进度就不成问题，事实上通过这些信息其他播放器的缓冲进度显示以及拖动播放的功能也可以顺利实现。

最后就是视频切换的功能，在前面介绍的所有播放器中每个播放器对象一次只能播放一个视频，如果要切换视频只能重新创建一个对象，但是 AVPlayer 却提供了 - (void)replaceCurrentItemWithPlayerItem:(AVPlayerItem *)item 方法用于在不同的视频之间切换（事实上在 AVFoundation 内部还有一个 AVQueuePlayer 专门处理播放列表切换，这里不再赘述），代码如下。

[1]#import "ViewController.h"
[2]#import <AVFoundation/AVFoundation.h>
[3]@interface ViewController()
[4]@property(nonatomic,strong) AVPlayer *player;//播放器对象
[5]@property(weak,nonatomic) IBOutlet UIView *container;//播放器容器
[6]@property(weak,nonatomic) IBOutlet UIButton *playOrPause;
[7]//播放/暂停按钮
[8]@property(weak,nonatomic) IBOutlet UIProgressView *progress;
[9]//播放进度
[10]@end
[11]@implementation ViewController
[12]#pragma mark//控制器视图方法
[13]-(void)viewDidLoad{
[14][super viewDidLoad];
[15][self setupUI];
[16][self.player play];
[17]}
[18]-(void)dealloc{
[19][self removeObserverFromPlayerItem:self.player.currentItem];
[20][self removeNotification];
[21]}
[22]#pragma mark//私有方法
[23]-(void)setupUI{
[24]//创建播放器层
[25]AVPlayerLayer *playerLayer=[AVPlayerLayer playerLayerWithPlayer:
[26]self.player];
[27]playerLayer.frame=self.container.frame;
[28]//playerLayer.videoGravity=AVLayerVideoGravityResizeAspect;//视频
[29]填充模式
[30][self.container.layer addSublayer:playerLayer];
[31]}
[32]/**
[33]截取指定时间的视频缩略图
[34]@param timeBySecond 时间点

[35]*/
[36]/**
[37]初始化播放器
[38]@return 播放器对象
[39]*/
[40]-(AVPlayer *)player{
[41]if(!_player){
[42]AVPlayerItem *playerItem=[self getPlayItem:0];
[43]_player=[AVPlayer playerWithPlayerItem:playerItem];
[44][self addProgressObserver];
[45][self addObserverToPlayerItem:playerItem];
[46]}
[47]return _player;
[48]}
[49]/**
[50]根据视频索引取得 AVPlayerItem 对象
[51]@param videoIndex 视频顺序索引
[52]@return AVPlayerItem 对象
[53]*/
[54]-(AVPlayerItem *)getPlayItem:(int)videoIndex{
[55]NSString *urlStr=[NSString stringWithFormat:@"http://
[56]192.168.1.161/%i.mp4",videoIndex];
[57]urlStr =[urlStr stringByAddingPercentEscapesUsingEncoding:
[58]NSUTF8StringEncoding];
[59]NSURL *url=[NSURL URLWithString:urlStr];
[60]AVPlayerItem *playerItem=[AVPlayerItem playerItemWithURL:url];
[61]return playerItem;
[62]}
[63]#pragma mark //通知
[64]/**
[65]添加播放器通知
[66]*/
[67]-(void)addNotification{
[68]//为 AVPlayerItem 添加播放完成通知

[69][[NSNotificationCenter defaultCenter] addObserver:self selector:@selector
[70](playbackFinished:) name:AVPlayerItemDidPlayToEndTimeNotification
[71]object:self.player.currentItem];
[72]}
[73]-(void)removeNotification{
[74][[NSNotificationCenter defaultCenter] removeObserver:self];
[75]}
[76]/**
[77]播放完成通知
[78]@param notification 通知对象
[79]*/
[80]-(void)playbackFinished:(NSNotification *)notification{
[81]NSLog(@"视频播放完成.");
[82]}
[83]#pragma mark//监控
[84]/**
[85]为播放器添加进度更新
[86]*/
[87]-(void)addProgressObserver{
[88]AVPlayerItem *playerItem=self.player.currentItem;
[89]UIProgressView *progress=self.progress;
[90]//这里设置每秒执行一次
[91][self.player addPeriodicTimeObserverForInterval:CMTimeMake(1.0,1.0)
[92]queue:dispatch_get_main_queue() usingBlock:^(CMTime time){
[93]float current=CMTimeGetSeconds(time);
[94]float total=CMTimeGetSeconds([playerItem duration]);
[95]NSLog(@"当前已经播放%.2fs.",current);
[96]if(current){
[97][progress setProgress:(current/total) animated:YES];
[98]}
[99]}];
[100]}
[101]/**
[102]为AVPlayerItem添加监控

```
[103]@param playerItem AVPlayerItem 对象
[104] */
[105] -(void)addObserverToPlayerItem:(AVPlayerItem *)playerItem{
[106] /*监控状态属性,注意 AVPlayer 也有一个 status 属性,通过监控它的
[107] status 也可以获得播放状态*/
[108] [playerItem addObserver:self forKeyPath:@"status" options:NSKey
[109] ValueObservingOptionNew context:nil];
[110] //监控网络加载情况属性
[111] [playerItem addObserver:self forKeyPath:@"loadedTimeRanges" options:
[112] NSKeyValueObservingOptionNew context:nil];
[113] }
[114] -(void)removeObserverFromPlayerItem:(AVPlayerItem *)playerItem{
[115] [playerItem removeObserver:self forKeyPath:@"status"];
[116] [playerItem removeObserver:self forKeyPath:@"loadedTimeRanges"];
[117] }
[118] /**
[119] 通过 KVO 监控播放器状态
[120] @param keyPath 监控属性
[121] @param object 监视器
[121] @param change 状态改变
[122] @param context 上下文
[123] */
[124] -(void)observeValueForKeyPath:(NSString *)keyPath ofObject:(id)
[125] object change:(NSDictionary *)change context:(void *)context{
[126] AVPlayerItem *playerItem = object;
[127] if ([keyPath isEqualToString:@"status"]) {
[128] AVPlayerStatus status = [[change objectForKey:@"new"] intValue];
[129] if(status == AVPlayerStatusReadyToPlay){
[130] NSLog(@"正在播放...,视频总长度:%.2f",CMTimeGetSeconds
[131] (playerItem.duration));
[132] }
[133] } else if([keyPath isEqualToString:@"loadedTimeRanges"]){
[134] NSArray *array = playerItem.loadedTimeRanges;
[135] CMTimeRange timeRange = [array.firstObject CMTimeRangeValue];
```

[136]//本次缓冲时间范围
[137]float startSeconds = CMTimeGetSeconds(timeRange.start);
[138]float durationSeconds = CMTimeGetSeconds(timeRange.duration);
[139]NSTimeInterval totalBuffer = startSeconds + durationSeconds;//缓冲总长度
[140]NSLog(@"共缓冲:%.2f",totalBuffer);
[141]}
[142]}
[143]#pragma mark//UI事件
[144]/**
[145]点击播放/暂停按钮
[146]@param sender 播放/暂停按钮
[147]*/
[148]-(IBAction)playClick:(UIButton *)sender{
[149]//AVPlayerItemDidPlayToEndTimeNotification
[150]//AVPlayerItem *playerItem = self.player.currentItem;
[151]if(self.player.rate= =0){ //说明时暂停
[152][sender setImage:[UIImage imageNamed:@"player_pause"] forState:
[153]UIControlStateNormal];
[154][self.player play];
[155]}else if(self.player.rate= =1){//正在播放
[156][self.player pause];
[157][sender setImage:[UIImage imageNamed:@"player_play"] forState:
[158]UIControlStateNormal];
[159]}
[160]}
[161]/**
[162]*切换选集,这里使用按钮的tag代表视频名称
[163]@param sender 点击按钮对象
[164]*/
[165]-(IBAction)navigationButtonClick:(UIButton *)sender{
[166][self removeNotification];
[167][self removeObserverFromPlayerItem:self.player.currentItem];
[168]AVPlayerItem *playerItem = [self getPlayItem:sender.tag];
[169][self addObserverToPlayerItem:playerItem];

[170]//切换视频
[171][self.player replaceCurrentItemWithPlayerItem:playerItem];
[172][self addNotification];
[173]}
[174]@end

到目前为止无论是 MPMoviePlayerController 还是 AVPlayer 播放视频功能都很强大,但是也存在着一些不可回避的问题,即支持的视频编码格式有限,例如 H.264,MPEG-4 等;扩展名(压缩格式)例如.mp4,.mov,.m4v,.m2v,.3gp,.3g2 等。但无论是 MPMoviePlayerController 还是 AVPlayer 都支持绝大多数音频编码,所以如果纯粹是为了播放音乐也可以考虑使用这两个播放器。

参考文献

[1] Kazuki Sakamoto, Tomohiko Furumoto, 坂本一树, 等. Objective-C 高级编程:iOS 与 OS X 多线程和内存管理[M]. 黎华, 译. 北京:人民邮电出版社, 2013.

[2] 芈崐. iOS 测试指南:iOS application testing guide[M]. 北京:电子工业出版社, 2014.

[3] Jonathan Levin. 深入解析 Mac OS X & iOS 操作系统[M]. 郑思遥, 房佩慈, 译. 北京:清华大学出版社, 2014.

[4] 李刚. 疯狂 iOS 讲义[M]. 北京:电子工业出版社, 2014.

[5] 钟元生, 曹权, 万念斌. iOS 应用开发基础教程[M]. 北京:电子工业出版社, 2015.

[6] 关东升. iOS 开发指南[M]. 北京:人民邮电出版社, 2015.